Criptografia para Iniciantes
2º Edição

Salahoddin Shokranian

Departamento de Matemática
Universidade de Brasília

Criptografia para Iniciantes- 2ª Edição

Copyright© Editora Ciência Moderna Ltda., 2012

Todos os direitos para a língua portuguesa reservados pela EDITORA CIÊNCIA MODERNA LTDA.
De acordo com a Lei 9.610, de 19/2/1998, nenhuma parte deste livro poderá ser reproduzida, transmitida e gravada, por qualquer meio eletrônico, mecânico, por fotocópia e outros, sem a prévia autorização, por escrito, da Editora.

Editor: Paulo André P. Marques
Produção Editorial: Aline Vieira Marques
Assistente Editorial: Amanda Lima da Costa
Capa: Cristina Satchko Hodge
Diagramação: Sônia Nina
Copidesque: Eveline Vieira Machado

Várias **Marcas Registradas** aparecem no decorrer deste livro. Mais do que simplesmente listar esses nomes e informar quem possui seus direitos de exploração, ou ainda imprimir os logotipos das mesmas, o editor declara estar utilizando tais nomes apenas para fins editoriais, em benefício exclusivo do dono da Marca Registrada, sem intenção de infringir as regras de sua utilização. Qualquer semelhança em nomes próprios e acontecimentos será mera coincidência.

FICHA CATALOGRÁFICA

SHOKRANIAN, Salahoddin.

Criptografia para Iniciantes 2ªEdição

Rio de Janeiro: Editora Ciência Moderna Ltda., 2012.

1. Criptografia de Escritório. 2. Matemática.
I — Título

ISBN: 978-85-399-0275-0   CDD 652
                                                    510

Editora Ciência Moderna Ltda.
R. Alice Figueiredo, 46 – Riachuelo
Rio de Janeiro, RJ – Brasil   CEP: 20.950-150
Tel: (21) 2201-6662/ Fax: (21) 2201-6896
E-MAIL: LCM@LCM.COM.BR
WWW.LCM.COM.BR   **07/12**

060706
110517
072122
071411
242017
051715
221706
170503
201116
101703
172115
072321
031511
091721

Prefácio

Uma das aplicações da teoria dos números no século XX foi, e permanece sendo, a área da informação e da transmissão de informações. A criptografia, apesar de ser um conhecimento antigo, possui hoje teoria própria, e seu grande número de aplicações na transmissão de códigos secretos e de informações torna-a cada vez mais presente em nossa vida cotidiana. As teorias matemáticas dos conceitos básicos de criptografia não são muito complexas, em muitos casos são elementares e simples. A tecnologia digital exige segurança das informações nas suas transmissões. As mensagens são transmitidas em códigos e o receptor precisa decodificá-las. Além da criptografia, existe outro ramo do conhecimento no qual as mensagens também são transmitidas em códigos, chamado teoria de códigos.

Na verdade, criptografia e teoria de códigos são ramos distintos e servem para propósitos diferentes. Enquanto na criptografia a questão principal é como transmitir uma mensagem da fonte A para a fonte B, de modo que as fontes não autorizadas não tenham acesso a conteúdos da mensagem, na teoria de códigos a preocupação está em transmitir informações da fonte A para fonte B, com segurança, para que a fonte B possa recebê-la corretamente. Portanto, na transmissão de uma informação existem dois tipos de segurança: a segurança contra fontes não autorizadas, que pertence à criptografia, e a segurança contra danificação da informação, que pertence à teoria de códigos.

A ciência da criptografia sofreu muita censura dos governos que queriam manter em segredo sua teoria e seus métodos. Mas a reação dos cientistas e a demanda crescente da própria tecnologia moderna impulsionaram essa ciência a tornar-se disciplina regular nos vários departamentos das universidades em todo o mundo. Além disso, a criptografia e a teoria dos códigos estão ficando cada vez mais importantes nos estudos universitários e nas pequisas científicas. A teoria de códigos, ao contrário, não sofreu censura nem ataques em geral, mas sempre foi uma área de estudos curiosa, do ponto de vista tanto da aplicação quanto da matemática pura, e está tornando-se cada vez mais importante nas ciências e nas tecnologias, por causa da segurança e da transmissão de informações nos sistemas digitais e de criação de aparelhos digitais de alta precisão.Ironicamente, o surgimento da teoria de códigos é um assunto do século XX. A teoria moderna da criptografia está sendo, também, utilizada na aplicação da tecnologia digital em nosso cotidiano e é um fenômeno recente, baseado no conceito de criptografia de chave pública, no qual a maioria das transações bancárias e de cartões de crédito, ou cartões de identidade, é baseada nela, sendo que foi inventada há cerca de 25 anos.

Mesmo com tamanha importância, há um número muito pequeno de livros disponíveis para os interessados. No Brasil, em português, esse número está próximo a zero. Por isso, decidi escrever este livro com o objetivo de atrair as mentes interessadas nessa área moderna de pesquisa da teoria da transmissão de informação, em que a aplicação da Teoria dos Números é cada vez maior e mais transparente. Espero que este livro elementar sirva para atrair a atenção dos alunos nos diversos departamentos como: matemática, ciência da computação, engenharia eletrônica e demais áreas da tecnologia.

Prefácio

No final do livro existem três apêndices. Alguns resultados desses apêndices não estão acompanhados das suas respectivas demonstrações, pois são muito complexos para serem discutidos, mas são de grande importância para as aplicações na criptografia.

Gostaria de agradecer aos colegas do Departamento de Matemática da Universidade de Brasília (UnB), pelo apoio durante vários anos, especialmente agradecer aos colegas da área de teoria dos números, pela colaboração e participação nas minhas palestras e aos amigos e professores do Departamento de Ciência da Computação. Gostaria de deixar expresso os meus agradecimentos a todos os países que financiaram os meus estudos matemáticos durante anos. Também gostaria de agradecer à Editora Universidade de Brasília, por publicar os meus livros, particularmente ao sr. Alexandre Lima, e aos demais amigos meus da editora.

Agradeço especialmente à aluna de mestrado, Ingrid Ramos da Silva, por ter lido cuidadosamente o manuscrito antes da publicação.

O leitor interessado pode decifrar a página de dedicatória e descobrir o que está escrito nela.

Salahoddin Shokranian (sash@mat.unb.br)

Brasília, março de 2005

Prefácio para segunda edição

A comunidade de matemática pura, aplicada, ciência da computação , física, e demais interessado em criptografia e estudos sobre mensagens em códigos demonstraram apoio e interesse no meu livro Criptografia para Iniciantes publicado para primeira vez em 2005 pela Editora Universidade de Brília. O livro foi lido por muitos e despertou interesse dos alunos e pesquisadores.

Esta segunda edição é publicadapela Editora Ciência Moderna (Rio de Janeiro), e eu gostaria de agradecer os dirigentes dessa editora para demonstrar interesse em publicar meus livros.

Salahoddin Shokranian (sash@mat.unb.br)
Brasília, junho de 2008

Sumário

1 Números   **1**

   1.1 Algarismos 1

   1.2 Operação módulo m 5

      1.2.1 Números módulo m 6

      1.2.2 Equação afim 14

   1.3 Exercícios 19

2 Mensagens em códigos   **21**

   2.1 Elementos de criptografia 23

      2.1.1 Cifras afins 27

      2.1.2 Cifra permutacional 31

   2.2 Exercícios 34

3 Sistema RSA   **37**

   3.1 Introdução 37

   3.2 Teoria dos números para RSA 41

   3.3 Implementação de RSA 47

   3.4 Assinaturas 54

   3.5 Exercícios 58

A   **61**

   A.1 Testes de Primalidade 61

Salahoddin Shokranian

	A.1.1	Método da divisão	62
	A.1.2	Pseudoprimalidade	63
	A.1.3	Teorema de Lucas e Pocklington	67
	A.1.4	Números de Fermat e Mersenne	69
	A.1.5	Métodos algorítmicos	70

B   **73**

B.1		Testes de Fatoração e Algoritmos de Multiplicação .	73
	B.1.1	Primeiro passo	75
	B.1.2	Algoritmos de exponenciação	78

C   **85**

C.1		Os critérios da divisibilidade	85
	C.1.1	Nota final	87

Referências bibliográficas   **89**

Índice Remissivo   **91**

Capítulo 1

Números

Neste livro serão tratados inicialmente números inteiros, e serão usados alguns resultados básicos da teoria dos números para estudos de alguns aspectos fundamentais de criptografia e da teoria dos códigos.

Denotaremos por $\mathbb{N}$ o conjunto dos números naturais

$$\mathbb{N} := \{1, 2, 3, \cdots, 101, \cdots\}$$

por $\mathbb{Z}$ o conjunto dos números inteiros

$$\mathbb{Z} := \{\cdots, -2, -1, 0, 1, 2, \cdots\}$$

1.1 Algarismos

Chamaremos os números $0, 1, 2, 3, 4, 5, 6, 7, 8, 9$ de **algarismos decimais**. Qualquer número inteiro é formado por esses algarismos. A forma mais correta para definir números naturais é nomeá-los números naturais decimais, pois eles são formados por algarismos decimais. Portanto, se $a = n_1 n_2 \cdots n_k$ é um número natural decimal, podemos representá-lo na base 10 da seguinte forma,

$$a = n_1 \times 10^{k-1} + n_2 \times 10^{k-2} + \cdots + n_k \times 10^{k-k}$$
$$= n_1 \times 10^{k-1} + n_2 \times 10^{k-2} + \cdots + n_k.$$

Por exemplo, se $a = 123401$, então $k = 6$ é o número de algarismos de a e, portanto, na sua **representação decimal** teremos,

$$123401 = 1 \times 10^5 + 2 \times 10^4 + 3 \times 10^3 + 4 \times 10^2 + 0 \times 10^1 + 1$$
$$= 100000 + 20000 + 3000 + 400 + 1.$$

A representação decimal é uma das representações de números inteiros, e essa exibição não é a única maneira de expor inteiros, existem outras exposições também. Por exemplo, a **representação binária** de um número é muito útil na teoria de computação e nos algoritmos. Para definir a representação binária de um inteiro devemos entender quais os números que são algarismos binários. Os **algarismos binários** são os números $0, 1$. E os algarismos **inteiros naturais binários** ou **números binários** são números formados pelos algarismos binários $0, 1$. Por exemplo, o número $b = 10111$ é um número binário. Esse número no sistema decimal é o número 23. A representação binária de $b = 10111$ segue o mesmo procedimento da representação de números decimais, mas temos de considerar 2 em vez de 10. Portanto,

$$b = 10111 = 1 \times 2^4 + 0 \times 2^3 + 1 \times 2^2 + 1 \times 2 + 1$$

é a representação binária do número binário $b = 10111$.

Sempre poderemos escrever um número decimal na forma binária e reciprocamente um número binário na forma decimal. Para escrever um número natural decimal a na forma binária, devemos achar os inteiros $b_1, b_2, \cdots b_k \in \{0, 1\}$, e k tal que,

$$a = b_1 \times 2^{k-1} + b_2 \times 2^{k-2} + \cdots + b_k \times 2^{k-k}.$$

Números 3

Por exemplo, para escrever o número decimal 23 na base 2 ou na forma binária, primeiro procura-se a maior potência de 2 contida nesse número. Observa-se que 2^4 é a maior potência de 2 contida em 23. Subtraindo $2^4 = 16$ de 23 teremos 7. No número 7, a maior potência de 2 é $2^2 = 4$. Subtraindo 4 de 7 teremos 3. No número natural 3, a maior potência de 2 é $2^1 = 2$. Subtraindo 2 de 3 teremos 1, que não contém mais potências de 2. Portanto temos

$$23 = 1 \times 2^4 + 0 \times 2^3 + 1 \times 2^2 + 1 \times 2 + 1 = 10111.$$

Da mesma forma podemos definir os **algarismos ternários** que são algarismos para escrever números na base 3. Esses algarismos são números do conjunto $\{0, 1, 2\}$. Por exemplo, o número decimal 22 na base 3 vai ser escrito como 211, pois

$$22 = 2 \times 3^2 + 1 \times 3 + 1.$$

As operações aritméticas – adição, multiplicação para números binários, ternários, quaternários, etc. – obedecem as mesmas leis das operações de adição e multiplicação para números decimais. Por exemplo, a soma de números binários 10111 e 10110 é

$$10111 + 10110 = 101101.$$

O número binário 101101 corresponde à soma de 23 e 22 no sistema decimal, que é 45. Isso também pode estar claro pela soma das expressões

$$
\begin{aligned}
&(1 \times 2^4 + 0 \times 2^3 + 1 \times 2^2 + 1 \times 2 + 1) \\
&+(1 \times 2^4 + 0 \times 2^3 + 1 \times 2^2 + 1 \times 2 + 0) = \\
&= 2 \times (1 \times 2^4) + 2 \times (0 \times 2^3) + 2 \times (1 \times 2^2) \\
&\quad +2 \times (1 \times 2) + 1 + 0 \\
&= 1 \times 2^5 + 0 \times 2^4 + 1 \times 2^3 + 1 \times 2^2 + 0 \times 2 + 1 \\
&= 101101.
\end{aligned}
$$

E o produto dos números 10111 e 10110 é

$$
\begin{array}{ccccccc}
  &   & 1 & 0 & 1 & 1 & 1 \\
  &   & 1 & 0 & 1 & 1 & 0 & \times \\
\hline
\end{array}
$$

$$
\begin{array}{cccccccccc}
  &   &   &   & 0 & 0 & 0 & 0 & 0 \\
  &   &   & 1 & 0 & 1 & 1 & 1 \\
  &   & 1 & 0 & 1 & 1 & 1 \\
  & 0 & 0 & 0 & 0 & 0 \\
1 & 0 & 1 & 1 & 1 \\
\hline
1 & 1 & 1 & 1 & 1 & 1 & 0 & 1 & 0
\end{array}
$$

As seguintes operações são as tabelas de soma e multiplicação no conjunto dos algarismos binários

+	0	1		×	0	1
0	0	1		0	0	0
1	1	0		1	0	1

Tabela 1

Números 5

1.2 Operação módulo m

Para entendermos as operações módulo m, temos de começar com a definição de divisão.

Sejam $a, b \in \mathbb{Z}$ e $b \neq 0$. Dizemos que b **divide** a quando existe um inteiro c tal que

$$a = bc.$$

E nesse caso escreveremos $b|a$. Se b não divide a escreveremos que $b \nmid a$.

Dizemos que a é **divisível** por b se b dividir a. Por exemplo, $(-2)|8$, pois $c = -4$ e temos $8 = (-2)(-4)$.

Observe que zero é sempre divisível por todos os inteiros não nulos b, pois sempre temos

$$0 = b \times 0.$$

Os **divisores positivos** que chamaremos de **divisores** de um inteiro natural a são todos os inteiros positivos que dividem a. Se b é um divisor de a, então existe um inteiro positivo c tal que $a = bc = b \times c$. E nesse caso c também é um divisor de a.

Por exemplo, os divisores de 24 são

$$1, 2, 3, 4, 6, 8, 12, 24.$$

Os divisores de zero são os números naturais. O número 1 só tem um único divisor que é o próprio número 1.

Um número natural p é **primo** se $p > 1$ e se os seus únicos divisores são 1 e p. Quando um número não é primo dizemos que ele é **composto**.

Teorema 1.1: Sejam a, a', b números inteiros.

1) Se $b|a$ e $b|a'$, então

$$b|(a + a'), b|(a - a'), b|(a' - a), b|(aa').$$

2) Se $k|b$ e $b|a$, então $k|a$.

3) Se $b|a$, então $b|at$ para quaisquer inteiro t.

Demonstração. Pela suposição existem inteiros c, c' tal que $a = bc$ e $a' = bc'$, respectivamente. Então, $a + a' = b(c + c')$. Logo, $b|(a + a')$. Também temos $aa' = bbcc' = b^2cc'$. Portanto, $b|(aa')$. Similarmente poderemos demonstrar as outras propriedades do item (1). Para demonstrar o item (2), observamos que pela suposição $b = kd$ e $a = bc$. Logo, $a = (kd)c = k(dc)$. Então $k|a$. A demonstração do item (3) é simples, pois quando $b|a$ temos que $a = bc$. Após multiplicar os dois lados dessa igualdade por t, teremos que $at = bct$. Daí, $at = b(ct)$ que mostra $b|at$. Isso completa a demonstração do teorema.

1.2.1 Números módulo m

Seja m um inteiro natural.

Definição 1.1: Dizemos que dois inteiros a, b são **congruentes módulo** m se, e somente se,

$$m|(a - b), \quad \text{ou} \quad m|(b - a).$$

Observe que se $m|(a - b)$, naturalmente $m|(b - a)$, pois

$$a - b = (-1)(b - a).$$

Números 7

Portanto, para verificar se dois inteiros a, b são congruentes módulo m é suficiente verificar uma das condições da definição. Quando $m|(a-b)$, dizemos que a é **congruente com** b **módulo** m e no caso $m|(b-a)$ dizemos que b é **congruente com** a **módulo** m. Pela observação acima, a é congruente com b módulo m se, e somente se, b for congruente com a módulo m.

Quando a, b forem congruentes módulo m, escreveremos

$$a \equiv b(mod\ m).$$

Para um dado inteiro b, existem infinitos inteiros a congruentes com b módulo m. Por exemplo, se $m = 6$ e $b = 2$, então a pode assumir um dos muitos números como:

$$2, 8, 14, 20, \cdots, -4, -10, -16, -22, \cdots$$

Usando o conceito $a \equiv b(mod\ m)$ poderemos ver que a forma geral dos inteiros a congruentes com 2 módulo 6 são

$$a = 2 + 6k,$$

em que k varia sobre todos os inteiros não negativos; $k = 0, 1, 2, 3, \cdots$

O seguinte teorema leva-nos ao sistema operacional com números módulo m.

Teorema 1.2: As seguintes propriedades são verdadeiras:

1) $a \equiv b(mod\ m)$ se, e somente se, $b \equiv a(mod\ m)$.

2) $a \equiv b(mod\ m)$ e $c \equiv d(mod\ m)$ implicam que

$$\begin{aligned}
(a + c) &\equiv (b + d)(mod\ m), \quad \text{e} \\
(a - c) &\equiv (b - d)(mod\ m).
\end{aligned}$$

3) $a \equiv b(mod\ m)$ e $c \equiv d(mod\ m)$ implicam que

$$ac \equiv bd(mod\ m).$$

4) $a \equiv b(mod\ m)$ implica que $ay \equiv by(mod\ m)$ para todo $y \in \mathbb{Z}$.

Demonstração. No item (1), apresentam-se duas formas de escrever o $m|(a-b)$, que é verdadeira de acordo com a nossa observação explicitada na propriedade acima. O item (2) é consequência direta do item (1), do teorema anterior. O item (4) é consequência direta do item (3), do teorema anterior. Para demonstrar o item (3), vamos reescrever os dados do teorema na seguinte forma

$$a = b + km, \quad c = d + \ell m,$$

para certos inteiros k e ℓ. Agora, vamos respectivamente multiplicar os dois lados dessas igualdades. Isso nos dará

$$\begin{aligned} ac &= bd + b\ell m + dkm + k\ell m^2 \\ &= bd + m(b\ell + dk + k\ell m). \end{aligned}$$

Portanto, $m|(ac-bd)$. Isso mostra que $ac \equiv bd(mod\ m)$. Está completa a demonstração do teorema.

O exemplo precedente permite-nos perceber que os números a congruentes com 2 módulo 6 são da forma $a = 2 + 6k$. Em outras palavras, isso pode ser visto como todos os inteiros a, em que o resto da divisão por 6 é 2. Por exemplo, suponhamos que estamos procurando um número inteiro x para que um número dado a seja congruente com x módulo m. Para fazer isso, na prática, aplicamos

Números 9

a **divisão de Euclides**. Veja o seguinte teorema, cuja demonstração pode ser encontrada no livro [SSG].

Teorema 1.3 (Divisão de Euclides): Sejam $a, b \in \mathbb{N}$ dois inteiros naturais. Então, existem únicos inteiros q e r tais que

$$a = bq + r, \quad 0 \leq r < b. \tag{1.1}$$

Quando a propriedade (1.1) está satisfeita, dizemos que r é o **resto da divisão** (de Euclides) de a por b. E chamaremos q de **quociente**.

Agora, voltamos para a pergunta anterior e suponhamos que $a = 23141512$, e $m = 121$. Então para achar x podemos igualmente procurar r da identidade (1.1). Após a divisão, sem utilizar calculadora, teremos que

$$23141512 = 121 \times 191252 + 20.$$

Daí

$$23141512 - 20 = 121 \times 191252.$$

Essa propriedade pode ser escrita da seguinte forma

$$23141512 \equiv 20 (mod\ 121).$$

Logo, $x = 20$ é uma resposta.

Agora, o teorema precedente leva-nos ao seguinte resultado.

Teorema 1.4: Para um dado inteiro natural a e um inteiro natural m, existe um único inteiro positivo (natural) x com $0 \leq x < m$ tal que

$$a \equiv x (mod\ m). \tag{1.2}$$

Pelo teorema da divisão de Euclides é óbvio que x é o resto da divisão de a por m. Por exemplo, se $a = 141$, $m = 10$, então $x = 1$.

Para definir operações módulo m, precisaremos de definir o conjunto dos inteiros módulo m.

A cada inteiro positivo b, podemos associar um subconjunto infinito dos inteiros a ser chamado **classes de** b **módulo** m ou **números** $b(mod\ m)$.

A classe associada ao número b é exatamente o conjunto dos inteiros que são congruentes com b módulo m. Duas classes $b(mod\ m)$ e $d(mod\ m)$ são iguais se, e somente se, $m|(b-d)$, ou igualmente

$$b(mod\ m) = d(mod\ m) \Leftrightarrow b - d \equiv 0(mod\ m). \qquad (1.3)$$

Por exemplo, para $b = 2$ e $m = 9$, temos

$$2(mod\ 9) = \{\cdots, -25, -16, -7, 2, 11, 20, \cdots\}.$$

Se $b = 3$, então

$$3(mod\ 9) = \{\cdots, -24, -15, -6, 3, 12, 21, \cdots\}.$$

Se $b = 4$, então

$$4(mod\ 9) = \{\cdots, -23, -14, -5, 4, 13, 22, \cdots\}.$$

Pelas **operações módulo** m, entendemos as operações aritméticas – soma, multiplicação e divisão no conjunto de classes módulo m.

Agora, é fácil definir as operações aritméticas de soma e multiplicação para classes módulo m.

Números 11

Se $b(mod\ m)$ e $d(mod\ m)$ são duas classes módulo m então, definiremos a **soma módulo** m e o **produto módulo** m delas, da seguinte maneira, respectivamente,

$$b(mod\ m) + d(mod\ m) = b + d(mod\ m), \qquad (1.4)$$

em que a soma do lado direito é a soma no $\mathbb{Z}$ o valor do lado direito da igualdade é a classe de $b+d$ módulo m. E definiremos o produto (multiplicação) por

$$b(mod\ m) \cdot d(mod\ m) = bd(mod\ m), \qquad (1.5)$$

no qual o produto do lado direito é o produto do b e d em $\mathbb{Z}$.

Por exemplo, para $b = 2$ e $d = 3$ e $m = 9$, temos

$$2(mod\ 9) + 3(mod\ 9) = 5(mod\ 9)$$

$$5(mod\ 9) \cdot 3(mod\ 9) = 6(mod\ 9).$$

Da mesma forma que no conjunto $\mathbb{Z}$ existem os números zero (0) e um (1) satisfazendo,

$$0 + a = a, \quad 1a = a, \quad \text{para todo } a \in \mathbb{Z},$$

no conjunto das classes módulo m também existem as classes zero e um. A classe zero é $0(mod\ m)$ e a classe um é a classe $1(mod\ m)$, assim temos

$$0(mod\ m) + b(mod\ m) = b(mod\ m)$$

$$1(mod\ m) \cdot b(mod\ m) = b(mod\ m)$$

para todas as classes $b(mod\ m)$.

Para conseguirmos definir a divisão no conjunto de números módulo m, é melhor, em princípio, definirmos a inversão.

Seja $b(mod\ m)$ uma classe módulo m. Se existir uma classe módulo m como $d(mod\ m)$ tal que

$$b(mod\ m) \cdot d(mod\ m) = 1(mod\ m) \qquad (1.6)$$

dizemos que $d(mod\ m)$ é a **inversa de** $b(mod\ m)$. Quando uma classe possui inversa, dizemos que ela é **inversível**.

Agora, podemos nos perguntar quando uma classe é inversível.

Para responder a essa pergunta invocamos a seguinte proposição do livro [SSG] ou [Sho uit]. Mas antes relembremos que por $mdc(a, b)$, entendemos o máximo divisor comum de dois inteiros a e b.

Proposição 1.1: Sejam $a, b, c \in \mathbb{Z}$. Então existem inteiros x, y tal que

$$ax + by = c$$

se, e somente se, $mdc(a, b)|c$.

Por exemplo, se $a = 2$, $b = 4$, $c = 3$, nunca existirá $x, y \in \mathbb{Z}$, tais que $2x + 4y = 3$. A razão disso é que o $mdc(2, 4) = 2$ e que $2 \nmid 3$.

Agora, podemos responder a pergunta acima.

Proposição 1.2: Seja $b \neq 0$ um número inteiro. Então a classe $b(mod\ m)$ tem inversa (é inversível) se, e somente se, $mdc(b, m) = 1$.

Demonstração. Primeiro, suponhamos que a classe $b(mod\ m)$ tenha inversa, e que sua inversa seja a classe $d(mod\ m)$. Então, pela identidade (1.6) temos

$$bd(mod\ m) = 1(mod\ m).$$

Pela identidade (1.3) temos

$$bd - 1 \equiv 0(mod\ m).$$

Logo, $bd - 1 = ym$ para algum inteiro y. Portanto, $bd - ym = 1$. Isso pode ser escrito na forma $bd + (-y)m = 1$. Então, pela proposição anterior temos o $mdc(b, m) = 1$. Agora, suponhamos que o $mdc(b, m) = 1$, e dessa forma provaremos que a classe $b(mod\ m)$ tem inversa. Para fazer isso, novamente, usaremos a proposição anterior que garante, sob a condição $mdc(b, m) = 1$, que a equação $bx + my = 1$ tem solução. Portanto, existem números inteiros $x = x_0$ e $y = y_0$ tal que

$$bx_0 + my_0 = 1.$$

Essa equação pode ser escrita assim,

$$bx_0 - 1 \equiv 0(mod\ m).$$

E essa congruência pode ser escrita dessa forma

$$bx_0 \equiv 1(mod\ m).$$

Daí, a classe $x_0(mod\ m)$ é a inversa da classe $b(mod\ m)$ e a demonstração fica completa.

Notação 1. Para simplificar as notações, quando a referência a respeito de m estiver clara, usaremos o símbolo $\overline{b}$ ou simplesmente

b para denotar a classe $b(mod\ m)$.

Exemplo 1.1: Neste exemplo, faremos uma tabela para as inversas de classes $b(mod\ m)$ de $b = 1$ até $b = 8$. Quando $mdc(b, 9) \neq 1$ saberemos pela proposição anterior que a inversa não existe, e nesse caso o lugar da inversa na tabela será vazio.

classe	1	2	3	4	5	6	7	8
inversa	1	5		7	2		4	8

Tabela 2

1.2.2 Equação afim

A **equação afim** é a equação de congruência na forma

$$ax \equiv b(mod\ m), \qquad (1.7)$$

em que a, b são inteiros dados chamados **coeficientes** e x é a **incógnita**. Essa equação, também, é conhecida como equação de congruência de grau 1 e de uma variável.

A condição necessária e suficiente para a existência da solução (soluções) da equação (1.7), será discutida na seguinte proposição.

Proposição 1.3: A equação afim $ax \equiv b(mod\ m)$ tem solução se, e somente se, o $mdc(a, m)|b$.

Demonstração. Primeiro suponhamos que a equação (1.7) tenha solução. Então existe um inteiro x_0 tal que $ax_0 \equiv b(mod\ m)$. Essa congruência pode ser escrita como,

$$ax_0 + ym = b.$$

Números 15

Pela Proposição 1.1 temos o $mdc(a, m)|b$. Agora, suponhamos que $mdc(a, m)|b$. Vamos provar que a equação (1.7) tem solução. Mas a congruência (1.7) pode ser escrita da seguinte forma

$$ax + (-y)m = b.$$

A equação da Proposição 1.1 tem solução se o $mdc(a, m)|b$. Assim, a demonstração estará completa.

Por exemplo, a equação $2x \equiv 3(mod\ 9)$ tem solução, pois $mdc(2, 9) = 1$ e $1|3$.

Sabendo que uma equação afim tem solução, para calculá-la devemos encontrar a^{-1}, a inversa de a módulo m. Pela condição $mdc(a, m)|b$ e Proposição 1.1, a inversa de a existe. Então, após multiplicar a equação por a^{-1} do lado esquerdo teremos,

$$a^{-1}ax \equiv a^{-1}b(mod\ m).$$

Mas $a^{-1}a(mod\ m) = 1(mod\ m)$. Daí

$$x \equiv a^{-1}b(mod\ m). \tag{1.8}$$

Por exemplo, a equação $2x \equiv 3(mod\ 9)$, implica a equação $x \equiv 2^{-1} \times 3(mod\ 9)$. Pela Tabela 2, temos a inversa de $\bar{2} = \bar{5}$. Ou podemos escrever $2^{-1} = 5$. Logo,

$$x \equiv 5 \times 3(mod\ 9) \equiv 6(mod\ 9).$$

Então, a equação tem somente uma solução $x \equiv 6(mod\ 9)$.

Agora, o leitor pode se perguntar como saberemos o número de soluções (raízes) de uma equação afim. A resposta está no seguinte resultado, em que a demonstração pode ser encontrada no livro [SSG], ou [Sho uit].

Proposição 1.4: O número das soluções (raízes) da equação afim $ax \equiv b(mod\ m)$ módulo m é igual a $mdc(a, m)$.

Por isso, na equação anterior tínhamos somente uma solução. Mas a equação $2x \equiv 4(mod\ 8)$ tem duas soluções: os números 2 e 6.

Notação 2. Denotaremos por $\mathbb{Z}/m\mathbb{Z}$ o conjunto finito de m elementos formados pelos restos de divisões de inteiros positivos por m. E chamaremos esse conjunto de **números módulo** m. Daí,

$$\mathbb{Z}/m\mathbb{Z} = \{0, 1, 2, 3, \cdots, m - 2, m - 1\}. \tag{1.9}$$

E denotaremos por $(\mathbb{Z}/m\mathbb{Z})^*$ o subconjunto de $\mathbb{Z}/m\mathbb{Z}$ formado por todos os números co-primos com m. Observe que dois números são co-primos se, e somente se, o máximo divisor comum entre eles é 1. Isto é:

$$(\mathbb{Z}/m\mathbb{Z})^* = \{x \in \mathbb{Z}/m\mathbb{Z} \mid mdc(x, m) = 1\}. \tag{1.10}$$

Observe que os elementos do conjunto $\mathbb{Z}/m\mathbb{Z}$ são as classes módulo m. Por exemplo, $0 \in \mathbb{Z}/m\mathbb{Z}$ representa $0(mod\ m)$, $r \in \mathbb{Z}/m\mathbb{Z}$ representa $r(mod\ m)$. Então as operações aritméticas soma e multiplicação, nas classes, podem ser implementadas no conjunto. Por exemplo, as seguintes tabelas mostram as operações de soma e de multiplicação no conjunto $\mathbb{Z}/9\mathbb{Z}$, respectivamente.

Números

+	0	1	2	3	4	5	6	7	8
0	0	1	2	3	4	5	6	7	8
1	1	2	3	4	5	6	7	8	0
2	2	3	4	5	6	7	8	0	1
3	3	4	5	6	7	8	0	1	2
4	4	5	6	7	8	0	1	2	3
5	5	6	7	8	0	1	2	3	4
6	6	7	8	0	1	2	3	4	5
7	7	8	0	1	2	3	4	5	6
8	8	0	1	2	3	4	5	6	7

Tabela 3

×	0	1	2	3	4	5	6	7	8
0	0	0	0	0	0	0	0	0	0
1	0	1	2	3	4	5	6	7	8
2	0	2	4	6	8	1	3	5	7
3	0	3	6	0	3	6	0	3	6
4	0	4	8	3	7	2	6	1	5
5	0	5	1	6	2	7	3	8	4
6	0	6	3	0	6	3	0	6	3
7	0	7	5	3	1	8	6	4	2
8	0	8	7	6	5	4	3	2	1

Tabela 4

Uma pergunta natural é: Quantos elementos tem o conjunto $(\mathbb{Z}/m\mathbb{Z})^*$? Essa pergunta é equivalente à contagem de números inteiros $1 \leq x \leq m - 1$ que são co-primos com m. E a resposta para essa pergunta já existe desde o Euler (século XVIII). Para saber como calcular esse número denotaremos por $\varphi(m)$ a quantia dos inteiros x do conjunto $(\mathbb{Z}/m\mathbb{Z})^*$. O seguinte teorema de Euler mostra como calcular $\varphi(m)$.

Teorema F1.5: O número de elementos do conjunto $(\mathbb{Z}/m\mathbb{Z})^*$ é dado pela função φ de Euler, e esse número é igual a

$$\varphi(m) = m \prod_{p|m} \left(1 - \frac{1}{p}\right),$$

na qual os números p representam os divisores primos de m contados sem repetição.

Por exemplo, para $m = 9$ existe somente um divisor primo que é 3.

$$\begin{aligned}
\varphi(9) &= 9 \prod_{p|9} \left(1 - \frac{1}{p}\right) \\
&= 9 \left(1 - \frac{1}{3}\right) \\
&= 9 \times \frac{2}{3} \\
&= 6.
\end{aligned}$$

Como outro exemplo, considere $m = 26$ o número de letras do alfabeto inglês. Nesse caso só há dois divisores primos $p = 2$ e $p = 13$. Portanto,

$$\begin{aligned}
\varphi(26) &= 26 \prod_{p|26} \left(1 - \frac{1}{p}\right) \\
&= 26 \left(1 - \frac{1}{2}\right) \left(1 - \frac{1}{13}\right) \\
&= 26 \times \frac{1}{2} \times \frac{12}{13} \\
&= 12.
\end{aligned}$$

A seguinte tabela mostra os inversos dos números inversíveis de $b(mod\ 26)$. Usaremos esta tabela no próximo capítulo.

Números 19

x	1	3	5	7	9	11	15	17	19	21	23	25
x^{-1}	1	9	21	15	3	19	7	23	11	5	17	25

Tabela 5

Teorema 1.6: Para qualquer número inteiro positivo n com $n >$ m e co-primo com m, isso é $mdc(n, m) = 1$, existe um elemento $x \in (\mathbb{Z}/m\mathbb{Z})^*$ tal que $mdc(x, m) = 1$ e $n \equiv x(mod\ m)$.

Demonstração. Os possíveis restos da divisão de n por m são os elementos de $\mathbb{Z}/m\mathbb{Z}$ (também veja o Teorema 1.3). Logo $n = mq + r$, em que $q \in \mathbb{Z}$ e $r \in \mathbb{Z}/m\mathbb{Z}$. Se o $mdc(r, m) \neq 1$, temos o $mdc(n, m) \neq 1$, que é uma contradição. Daí, $mdc(x, m) = 1$ e $n \equiv x(mod\ m)$. Isso completa a demonstração.

Teorema 1.7: Sejam $x, m, a, b \in \mathbb{Z}$ e $m > 0$. Se $mdc(x, m) = 1$, então a congruência $ax \equiv bx(mod\ m)$ implica que $a \equiv b(mod\ m)$.

Demonstração. Pela suposição m divide $x(a - b)$, mas m e x não têm divisor comum exceto o número 1. Logo, m não pode dividir x e deve dividir $a - b$. Isso implica que $a \equiv b(mod\ m)$. A demonstração está completa.

1.3 Exercícios

1) Escreva o número 123 na base 2.

2) Quantos algarismos binários tem o número decimal 123412?
   Resposta: 17.

3) Mostre que o número decimal a^b tem $\lfloor b \log_{10} a \rfloor$ algarismos decimais.[1]

4) Calcule o número de algarismos decimais de 2^{100}.

5) Mostre que o número a^b tem $\lfloor b \log_k a \rfloor$ algarismos na base k.

6) Calcule o número de algarismos ternários de 2^{100}.

7) Mostre que um número decimal é divisível por 3 se, e somente se, a soma de seus algarismos é divisível por 3.

8) Mostre que um número decimal é divisível por 5 se, e somente se, o último algarismo for 5 ou 0.

9) Existe algum critério para que um número decimal seja divisível por 6 ou 9?

10) Calcule $\varphi(1987)$ e $\varphi(1987^2)$.

11) Ache os elementos inversíveis de $\mathbb{Z}/100\mathbb{Z}$.

12) Use os métodos empregados no Apêndice C e ache um critério para divisiblidade de um inteiro por 11.

---

[1] $\lfloor x \rfloor$ é o maior inteiro menor ou igual a x. Por exemplo, $\lfloor 3,4 \rfloor = 3$, e $\lfloor -3,4 \rfloor = -4$. E $\lceil x \rceil$ é o menor inteiro maior ou igual a x. Por exemplo, $\lceil 3,4 \rceil = 4$ e $\lceil -3,4 \rceil = -3$.

Capítulo 2

Mensagens em códigos

Enviar mensagens em código pode servir essencialmente para dois objetivos: pode servir para enviar uma mensagem secreta e proteger o conteúdo da mensagem contra fontes não autorizadas. Também pode servir para uma forma melhor de comunicação e transmissão de informações entre duas fontes. Além disso, mensagens em códigos podem ser usadas para armazenamento de informações, que são utilizadas nos computadores.

No primeiro caso, estamos tratando de criptografia, pois queremos encifrar a mensagem na fonte A e enviá-la para a fonte B. Para que a fonte B consiga ler a mensagem e saber do conteúdo da fonte A ela deve ter uma chave (regra, fórmula) para decifrar a mensagem e lê-la.

No segundo caso, estamos tratando da teoria de códigos. Em teoria de códigos é importante proteger o conteúdo da mensagem contra destruição entre outros aspectos naturais que podem causar erros durante a transmissão, assim a fonte B recebe a mensagem corretamente.

Portanto, os propósitos da criptografia e da teoria de códigos são essencialmente muito diferentes, mas nos estudos de ambas são usados alguns resultados básicos da teoria dos números e, naturalmente, outros assuntos da matemática.

Neste capítulo, estudaremos alguns aspectos elementares da criptografia. A teoria moderna de criptografia está baseada nas ciências exatas e os estudos científicos de criptografia estão ficando cada vez mais avançados e importantes. Criptografia é um dos tópicos mais antigos do conhecimento. Ela existia, não necessariamente como uma ciência, mas como um conhecimento, principalmente nos assuntos da natureza militar (guerras, armamentos) ou nos assuntos políticos para transmitir informações secretas, mantê-las em segredo e em segurança contra as fontes não autorizadas, como inimigos, espiões, espionagens, etc.

As formas de enviar mensagens mudaram durante séculos, desde a Antiguidade. Foram usadas tatuagens nos corpos de escravos, invenção de sinais, linguagens secretas, pinturas, conversas em particular, troca de sinais, etc. Mas, o desenvolvimento da ciência e da tecnologia causaram grandes mudanças nas formas de transmitir as mensagens, e assim apareceram formas modernas de enviar mensagens e transmitir informações. Também, por outro lado, essa ciência de transmissão de informação e a comunicação causaram avanços na ciência e na tecnologia.

Enquanto a criptografia existia desde a Antiguidade, a teoria de códigos, que é uma teoria moderna, nascia no século XX, nos trabalhos de Claude Shannon *A mathematical theory of communication* (veja artigo [Sha]) no ano de 1948, e nos resultados de Richard W. Hamming em 1950 (veja artigo [Ham]), ambos no centro de

Mensagens em códigos

pesquisa de Laboratórios de Bell. Shannon, entre outros resultados, calculou a probabilidade de uma informação transmitida da fonte A para a fonte B seja ela recebida corretamente. No trabalho de Hamming, encontramos o conceito fundamental de *Hamming distance*, e os primeiros conceitos básicos da teoria de códigos.

Relembramos que a Segunda Guerra Mundial foi muito importante para o avanço da ciência da criptografia e para a invenção do computador. Foi durante a Segunda Guerra Mundial que, para os aliados, ficou tão urgente a necessidade de decodificar as mensagens dos inimigos. Hoje em dia, nas guerras contra o tráfico de drogas e o terrorismo, decifrar mensagens interceptadas é de grande importância. Todas essas são razões para o desenvolvimento da criptografia.

2.1   Elementos de criptografia

Existe uma maneira simples para encifrar códigos na fonte A e enviá-las para fonte B, usando as letras do alfabeto de algumas línguas, como português, inglês, francês, alemão, etc. Podemos, por exemplo, fazer a permutação das letras e gerar uma cifra, ou trocar a posição das letras numa ordem determinada. O seguinte exemplo revela um caso simples de gerar cifras, conhecidos desde muitos séculos, atribuído a Júlio César.

Exemplo 2.1: Vamos considerar uma tabela dividida em duas com algumas letras do alfabeto Português.

A	B	C	D	E	F	G	H	I	J	K	L	M	N
D	E	F	G	H	I	J	K	L	M	N	O	P	Q
O	P	Q	R	S	T	U	V	X	Z	Ã	É	Ç	Ú
R	S	T	U	V	X	Z	A	B	C	AA	EE	CC	UU

Tabela 1

Na primeira e na terceira linha está escrito o alfabeto português (as letras não estão todas acentuadas) e na segunda e quarta linha até AA as mesmas letras das primeiras linhas estão com uma troca de posição por três letras. A partir de AA são letras que representaram as últimas letras Ã, É, Ç, e Ú, na cifra.Chamaremos as letras da primeira e terceira linhas de **alfabeto texto** (ou simplesmente **texto**) e as letras nas outras linhas de **alfabeto cifra** (ou simplesmente **cifra**). A Fonte A escreve uma mensagem usando as cifras e envia a mesma mensagem para a fonte B. Após recebê-la, a fonte B usará a Tabela 1 e transforma-la-á em texto. Isso é o processo de decifrar, decodificar.

Vamos por exemplo considerar a mensagem

MUUOLR EEALAR.

Enviada da fonte A para a fonte B. A fonte B, usando a Tabela 1, pode decifrar a mensagem e ver o que o texto diz:

JÚLIO ÉVIVO = Júlio é vivo.

Sabemos que o alfabeto inglês tem 26 letras. Então, o equivalente de cifras do exemplo anterior em inglês será a seguinte Tabela 2, em que as letras das segundas linhas são determinadas por uma mudança de três letras à frente.

Mensagens em códigos

A	B	C	D	E	F	G	H	I	J	K	L	M
D	E	F	G	H	I	J	K	L	M	N	O	P
N	O	P	Q	R	S	T	U	V	W	X	Y	Z
Q	R	S	T	U	V	W	X	Y	Z	A	B	C

Tabela 2

Imaginando as letras como números, logo podemos escrever a relação entre os textos (denotados por T) que são as letras da primeira e da terceira linha e as cifras (denotadas por C) que são letras das outras duas linhas, na seguinte fórmula de congruência.

$$C \equiv T + 3(mod\ 26). \tag{2.1}$$

A fórmula (2.1) representa as cifras na criptografia de Júlio César (JC). Como veremos, essa cifra é um caso particular de uma cifra geral (cifra afim).

Para determinar T (o texto) precisamos de decifrar a mensagem. Isso é equivalente a calcular T em termos de C. A fórmula (2.1) nos dará

$$T \equiv C - 3(mod\ 26). \tag{2.2}$$

Usando as letras teremos muitas limitações. É melhor trocá-las por números e nos prepararmos para as mensagens digitais. Para começar, podemos associar a essas 26 letras os números decimais de no máximo 2 algarismos de 0 até 25. Assim, teremos a seguinte tabela que vamos chamar de **alfabeto digital**.

A	B	C	D	E	F	G	H	I	J	K	L	M
00	01	02	03	04	05	06	07	08	09	10	11	12
N	O	P	Q	R	S	T	U	V	W	X	Y	Z
13	14	15	16	17	18	19	20	21	22	23	24	25

Tabela 3

Neste modelo, a Tabela 2 de Júlio César vai ser escrita da seguinte forma:

A	B	C	D	E	F	G	H	I	J	K	L	M
03	04	05	06	07	08	09	10	11	12	13	14	15
N	O	P	Q	R	S	T	U	V	W	X	Y	Z
16	17	18	19	20	21	22	23	24	25	00	01	02

Tabela 4

Por exemplo, a mensagem

$$1223 \quad 1411 \quad 2321 \quad 1121 \quad 0314 \quad 1124 \quad 07$$

agrupada em conjuntos de no máximo quatro algarismos pode ser decifrada nas seguintes sequências de textos até que saibamos qual é o conteúdo, usando a Tabela 4

$$JUL \; IUS \; ISA \; LIVE$$

$$Julius \; is \; alive$$

Essa mensagem poderia também ser enviada na forma de letras

$$MXO \; LXV \; LVD \; OLYH$$

Como veremos, decifrar uma mensagem longa, num sistema de alfabeto de uma língua, depende da frequência com que uma certa letra aparece nas escritas daquela língua. Por exemplo, em português, inglês, francês e alemão a letra "e" aparece com mais frequência. Claro, isso não garante que não podem ser escritos textos com pequeno, ou até muito pequeno, número de uso das letras como "e" ou "a".[1]

---

[1]Os estudantes da UnB, Fernando Meyer Fontes e Rafael da Costa Aguiar me disseram que de acordo com a Wikipédia a letra "a" aparece com mais frequência.

Mensagens em códigos 27

2.1.1 Cifras afins

Vamos apresentar uma cifra que generaliza a cifra JC. Na próxima seção, veremos outra cifra que generaliza a cifra afim.

A idéia de definir cifras afins é muito simples e está fundamentada no número de letras do alfabeto da língua usada para escrever a mensagem. Em inglês há 26 letras no alfabeto. Relembremos que na cifra de JC a posição das letras do texto e as cifras obedecem a congruência $C \equiv T + 3(mod\ 26)$. Agora, seja k (chamado **chave**) um inteiro satisfazendo $0 \leq k \leq 25$. Em vez de utilizarmos o número 3 na cifra JC, poderemos usar k e definir uma nova cifra

$$C \equiv T + k(mod\ 26). \tag{2.3}$$

Chamaremos esta cifra de **cifra JC generalizada**. É claro que quando $k = 3$ a cifra de JC generalizada é a mesma que a cifra JC, e quando $k = 0$ a cifra obtida é exatamente o texto da mensagem sem alteração.

Agora, para definirmos as cifras afins, consideremos dois números a, b tais que

$$0 \leq a, b \leq 25, \quad mdc(a, 26) = 1,$$

e definiremos:

Definição 2.1: Chamaremos de **cifra afim** a cifra

$$C \equiv aT + b(mod\ 26). \tag{2.4}$$

Os números a, b são chamados **chaves da cifra afim**.

Para decifrar uma mensagem escrita na cifra afim, devemos calcular o texto T. A congruência (2.4) pode ser escrita como

$$aT \equiv C - b(mod\ 26).$$

Agora, usaremos o fato de que o $mdc(a, 26) = 1$. Isso nos prova que a^{-1} módulo 26 existe (veja Proposição 1.2). Após multiplicar os dois lados dessa congruência por a^{-1} teremos

$$T \equiv a^{-1}(C - b)(mod\ 26). \tag{2.5}$$

Essa congruência determina o texto e então o conteúdo da mensagem (veja o exemplo a seguir).

Quando $a = 1$, a cifra afim é exatamente a cifra JC generalizada. Portanto, a cifra afim é uma generalização da cifra JC. Uma pergunta natural é a seguinte:

Quantas cifras JC generalizadas e quantas cifras afins existem?

Teorema 2.1: 1) Existem 26 cifras JC generalizadas.

2) Existem 312 cifras afins.

Demonstração. É óbvio que as cifras de JC generalizadas são unicamente determinadas pela escolha de k, em que $0 \leq k \leq 25$. Isso quer dizer que existem 26 possibilidades para escolher k. Assim fica completa a demonstração do item (1). Para demonstrar o item (2), vamos calcular as possibilidades de escolha dos valores para a e b. Primeiro, a condição $mdc(a, 26) = 1$ mostra que há $\varphi(26) = 12$ possibilidades para escolher a. Uma vez que um valor foi para a escolhido teremos 26 opções para b. Portanto, no total temos $12 \times 26 = 312$ maneiras de escolher a e b. Isso completa a demonstração.

No exemplo a seguir queremos decifrar uma mensagem escrita em cifra afim.

Mensagens em códigos 29

Exemplo 2.2: Vamos decifrar a mensagem

$$CVSA \ VZPC \ QCVI \ EVWJ \ CPUW \ XIXC$$

que é uma mensagem em português escrita em letras do alfabeto inglês e na cifra afim. Portanto, o problema é achar a forma geral da congruência que represente esta mensagem (a congruência (2.4)). Em outras palavras, devemos achar a e b para que possamos, explicitamente, escrever a congruência (2.4) e decifrá-la. Observando o fato de que a letra C aparece com mais frequência do que as outras letras podemos especular que estatisticamente ela representa a letra E do texto, após decifrar a mensagem. Como podemos ver na mensagem citada, existem 5 vezes C e 4 vezes V. Vamos supor que a letra V, cifra da mensagem, corresponda à letra N do texto. Então, usando a Tabela 3 (alfabeto digital) e a fórmula (2.4), teremos

$$\begin{cases} 2 & \equiv \quad 4a + b(mod\ 26) \\ 21 & \equiv \quad 13a + b(mod\ 26). \end{cases}$$

O problema é resolver esse sistema de duas equações de congruências e de duas incógnitas que são a e b. Subtraindo a primeira equação da segunda, obtém-se

$$19 \equiv 9a(mod\ 26).$$

Essa equação também pode ser escrita da seguinte forma

$$9a \equiv 19(mod\ 26)$$

e então

$$a \equiv 9^{-1} \times 19(mod\ 26).$$

Usando a Tabela 5 do Capítulo 1 concluímos que

$$a \equiv 5 (mod\ 26).$$

Substituindo essa congruência na primeira equação do sistema acima obtém-se

$$b \equiv 8 (mod\ 26).$$

Resumindo

$$C \equiv 5T + 8 (mod\ 26).$$

Pela fórmula (2.5) temos

$$T \equiv 5^{-1}(C - 8)(mod\ 26).$$

Pela Tabela 5 do Capítulo 1 temos $5^{-1} = 21$. Então

$$T \equiv 21C + 14 (mod\ 26).$$

Agora, devemos calcular T. Para isso usaremos a Tabela 3 e construiremos a seguinte tabela

Cifras	Cifras em números	$\Rightarrow$	Textos em números	Textos
A	00		14	O
C	02		04	E
I	08		00	A
J	09		21	V
P	15		17	R
Q	16		12	M
S	18		02	C
U	20		18	S
V	21		13	N
W	22		08	I
X	23		03	D
Z	25		19	T

Tabela 5

Mensagens em códigos 31

Agora podemos ver que o texto de mensagem original era

ENCO NTRE MENA UNIV ERSI DADE

ENCONTRE ME NA UNIVERSIDADE

2.1.2 Cifra permutacional

A **cifra permutacional** a ser discutida nesta subseção está baseada no conceito de permutação. Assumindo que os leitores deste livro estão familiarizados com a noção de função, podemos dar a definição de permutação com facilidade. Primeiro, relembre que uma função

$$f : X \to Y$$

é **injetora** se, e somente se, para quaisquer $x_1 \neq x_2$ elementos de X, $f(x_1) \neq f(x_2)$. Em outras palavras a função f é injetora se, e somente se,

$$f(x_1) = f(x_2) \Rightarrow x_1 = x_2.$$

Também relembremos que uma função f é **sobrejetora** se, e somente se, para todo elemento $y \in Y$ exista sempre um elemento x (dependendo de y) tal que $f(x) = y$. Dizemos que a função f é **bijetora** se, e somente se, ela for injetora e sobrejetora.

Definição 2.2: Uma **permutação** de um conjunto X é uma função bijetora $f : X \to X$.

Nós estamos particularmente interessados nas permutações de conjuntos finitos. Vamos então supor que X é um conjunto finito, digamos que tenha n elementos denotados por $a_1, a_2, \cdots, a_n$.

Por exemplo, se $n=1$ teremos somente uma permutação, a função $f(a_1)=a_1$. Se $n = 2$ teremos duas permutações

$$f_1 : \left\{ \begin{array}{l} f_1(a_1) = a_1 \\ f_1(a_2) = a_2 \end{array} \right.$$

e

$$f_2 : \left\{ \begin{array}{l} f_2(a_1) = a_2 \\ f_2(a_2) = a_1 \end{array} \right. .$$

O seguinte teorema mostra a quantidade de permutações de um conjunto de n elementos.

Teorema 2.2: O número das permutações de um conjunto de n elementos é $n!$.

Demonstração. O exemplo anterior mostrou que um conjunto de 1 elemento tem uma permutação e que um conjunto de dois elementos tem duas permutações. Esses números confirmam o teorema. Agora, suponhamos que um conjunto $X_1 = \{a_1, a_2, \cdots, a_{n-1}\}$ de $n-1$ elementos tenha $(n-1)!$ permutações. Denotaremos essas permutações por $f_1, f_2, \cdots, f_{(n-1)!}$. Aplicaremos indução matemática (veja livros [SSG] ou [S], ou [Sho uit], [Sho alg1] para uma discussão elaborada sobre a indução matemática) e provaremos o teorema. Consideremos um conjunto $X = X_1 \cup \{a_n\}$ de n elementos. Em primeiro lugar, podemos estender as permutações f_i de conjunto X_1 a conjunto X, supondo que as funções f_i mantenham fixos o elemento a_n. Em segundo lugar, a cada permutação f_i do conjunto X, associaremos n permutações $F_1, F_2, \cdots, F_n$ do conjunto X da seguinte maneira

$$F_i(a_j) = \left\{ \begin{array}{ll} f_i(a_j) & \text{se } j \neq n \\ a_n & \text{se } j = n. \end{array} \right.$$

Mensagens em códigos 33

Portanto, no total existem $(n-1)! \times n = n!$ permutações no conjunto X. A demonstração está completa.

Por exemplo, no conjunto X do alfabeto inglês existem

$$26! = 403291461126605635584000000$$

permutações. Esse número tem 27 algarismos. Com certeza, antes da existência do computador, a determinação explícita de todas as permutações de um conjunto com 26 elementos estava fora de questão (precisava-se de muito tempo), mas com ajuda dos computadores esse problema tornou-se simples.

Para gerar uma **cifra permutacional**, basta aplicar uma das 26! permutações do alfabeto inglês e então trocar a posição das letras (ou algumas) e obter uma cifra. Por exemplo, a cifra JC é uma cifra permutacional, a cifra afim é uma cifra permutacional, e todas as cifras obtidas pela troca de posição das letras são cifras permutacionais. Quando, para cada letra de texto se usa somente uma letra na cifra, essas cifras serão chamadas de **cifras monoalfabéticas**. Portanto, cifras permutacionais são monoalfabéticas.

Exemplo 2.3: A seguinte tabela mostra uma cifra permutacional obtida por meio de cifras de Júlio César, na qual somente a posição das letras N e H são trocadas

A	B	C	D	E	F	G	H	I	J	K	L	M
D	E	F	G	N	I	J	K	L	M	H	O	P
N	O	P	Q	R	S	T	U	V	W	X	Y	Z
Q	R	S	T	U	V	W	X	Y	Z	A	B	C

Tabela 6

2.2 Exercícios

1) Usar a Tabela 1 para decifrar as seguintes mensagens:

ghvf reul urvh juhgr

hvx zgd udq xhv gds urad

dfleeqf ldgdfu lsxrju dildee iaaflo

2) Usar a Tabela 4 para decifrar a seguinte mensagem em inglês:

2210 0720 1703 0622 1003 2225 0321 1617 2222 0313 0716;

1121 0308 0315 1723 2118 1707 1517 0820 1704 0720 2208 2017 2122

3) Usar a Tabela 4 para decifrar a seguinte mensagem em português

231518 172417 060722 072015 111603 061707 231611 0617;

060721 231807 200320 172118 201704 140715 032107 140724 032003

24110603 171803 112118 032003 182017 211820 110706 030607

4) Resolver as equações de congruência

$$2x + 3y \equiv 2(mod\,8), \quad 4x + y \equiv 3(mod\,5).$$

É possível encontrar todas as soluções?

5) Resolver os sistemas de equações de congruências:

$$a) \begin{cases} 2x + 3y \equiv 2(mod\,8) \\ 2x + 2y \equiv 0(mod\,8). \end{cases}$$

Mensagens em códigos

É possível encontrar todas as soluções?

$$b) \begin{cases} 3x + 2y \equiv 2(mod\ 5) \\ 2x + 3y \equiv 2(mod\ 5). \end{cases}$$

6) Escreva a seguinte mensagem em cifra de Júlio César
$C \equiv T + 3(mod\ 26)$.

Se tu me disseres todos os números primos,

eu te digo todos os segredos.

7) Faça uma tabela de cifra permutacional do alfabeto português e escreva a seguinte mensagem na cifra permutacional:

Nem sempre o caminho mais curto é o melhor caminho.

8) Usando o Exemplo 2.2, decifre a mensagem em inglês:

QXP EHU WKH RUB LVT XHH QRI PDW KHP DWL FV

Sugestão: estatisticamente podemos supor que a letra H representa a letra E no texto e a letra Q representa a letra N do texto.

Capítulo 3

Sistema RSA

O objetivo deste capítulo é apresentar os conceitos básicos do sistema de criptografia RSA, que é um sistema com chave pública.

3.1 Introdução

O sistema de criptografia, com chave pública, pode ser usado nas comunicações eletrônicas como compras pela internet, uso de cartões de crédito e tipos de comunicações em que é necessário usar assinatura eletrônica, como por exemplo nos cheques eletrônicos.

A matemática necessária para definir o sistema RSA é simples e baseia-se nos conceitos elementares da teoria dos números. Nesse sistema, é necessário entender como escolher inteiros que não podem ser fatorados facilmente em dois fatores primos. Tais números, que não podem ser fatorados com facilidade, são bons candidatos a ser chaves privadas para usuários de comunicações pelo sistema RSA.

As criptografias discutidas no capítulo anterior são as formas antigas de comunicações secretas entre duas fontes A e B e é um fato que a teoria moderna de criptografia se originou do artigo de W.

Diffe e M. Helmman de 1976 (veja [DH]), que nele foi apresentado pela primeira vez o sistema de criptografia com **chave pública**.

A seguir explicaremos o que é uma chave pública, mas para isso devemos entender o que é um sistema criptográfico.

Suponhamos que a fonte A queira enviar uma mensagem x para a fonte B. A fonte A encifra (encripta) o texto da mensagem por algum método de encifração E, aplica esse método a x e define as cifras $y = xE$. De alguma maneira a fonte A envia y para fonte B. Na chegada, a fonte B aplica a chave (fórmula que é conhecida pelas fontes A e B) decifra y usando um método de decifração D e transforma, converte, y na mensagem x. Isso pode ser visto como $yD = x$. Agora, podemos escrever todos esses processos na seguinte fórmula matemática

$$x := yD = (xE)D = x. \tag{3.1}$$

Por exemplo, nas cifras de Júlio César tínhamos

$$E: \ C \equiv T + 3(mod\,26),$$

que representa o processo de cifração. O processo de decifração D, que é um processo oposto (inverso), pode ser visto como

$$D: \ T \equiv C - 3(mod\,26).$$

Portanto, aplicando na fonte A a operação E no texto T, chegaremos a cifra C. Por outro lado, aplicando na fonte B a operação de decifração D, voltaremos de novo para o texto T.

Resumindo, podemos definir que um **cripto** é o par (E, D) formado pelas operações E e D. Formalmente definiremos:

Definição 3.1: Um **sistema de cifras** ou um **sistema de criptos**

é um conjunto (finito) de criptos.

Um sistema de criptos é um método de comunicação secreto num canal de comunicação pública entre um grupo de fontes (pessoas, usuários). Esse grupo será chamado de **grupo criptos**. Um **canal público** é a possibilidade de que fontes fora do grupo de criptos possam interceptar as mensagens transmitidas entre membros do grupo. Exemplos disso são a transmissão de rádio, a linha de telefone, os *e-mails*, e o correio. Então, um sistema de criptos é formado por um ou mais criptos em que cada um é usado para a comunicação de um membro do grupo com o outro.

Por que realmente é necessário trabalhar com um sistema de criptos em vez de um só cripto? A razão básica está na seguinte observação. Suponhamos que a fonte A queira comunicar-se em segredo com a fonte B. Se por muito tempo (muito ou pouco tempo é uma questão relativa) o mesmo cripto (E, D sempre as cifras de Júlio César) é usado, as fontes não autorizadas (inimigos, *hackers*, espiões) poderiam detectar a comunicação e decifrá-la. Essa é uma das razões para mudar as senhas nas comunicações eletrônicas, com certa frequência.

Num cripto (E, D) a comunicação entre fontes A e B é simétrica, tanto a fonte A pode decifrar as mensagens da fonte B, quanto a fonte B pode decifrar as mensagens da fonte A. Mas na prática não é sempre esse o caso. Por exemplo, imaginemos que a fonte B seja um banco, e que cada cliente seja uma fonte A. Para que o banco possa ter contato com os clientes, todos os clientes devem conseguir comunicar-se com o banco, e se necessário os mesmos também devem conseguir comunicar-se entre si (no sistema eletrônico de bancos um cliente pode depositar dinheiro na conta de outro, uma vez que ele/ela saiba o número da conta do outro). O banco pode fornecer alguns dados de um cliente para outro (como número da agência, número da conta, etc.), mas não pode fornecer certos dados, como a senha. O número da conta, número da agência são dados públicos, mas a senha de acesso à conta não é um dado público.

Esses tipos de comunicações entre grupos de fontes são a base de sistema de criptografia com **chave pública**. Nesse tipo de sistema cada fonte receberá um par de dados (E, D) em que E é a operação de encifração, uma operação pública, e D é a operação de decifração, privada (**chave privada**). A teoria do sistema de criptografia de chave pública está fundamentada na ideia de que a operação D deve ser muito difícil para ser usada por uma fonte não autorizada. Isso quer dizer que uma fonte não autorizada, sabendo da operação E, não deve ter condições de determinar D por meio de E. Por exemplo, isso não é o caso nas cifras afins ou cifras de Júlio César, pois D é uma operação inversa de E, que facilmente pode ser determinada.

Relacionamos algumas vantagens que o sistema de criptografia de chave pública tem em relação à teoria clássica de criptografia que foi apresentada no Capítulo 2.

1) A fonte A não precisa se encontrar em particular com a fonte B para dar a chave das cifras (o número k na cifra de Júlio César, ou os números a e b na cifra afim, etc.).

2) Em alguns sistemas de criptografia com chave pública, utiliza-se assinatura eletrônica. Isso não é possível nos sistemas clássicos.

Assim, o sistema de criptografia com chave pública tem algumas desvantagens. Por exemplo, nesse sistema as operações de encifração e decifração são muito lentas (lembre-se que velocidade é uma questão relativa), e é possível que esse sistema possa ser usado como chaves de sistemas clássicos, usando-os para comunicação.

Entre os sistemas de criptografia com chave pública, o primeiro e o mais popular é o **sistema RSA**, inventado por Ronald L. Rivest, Adi Shamir, e Leonard M. Adelman, no ano de 1978 (veja o artigo [RSA] para detalhes).

A seguir discutiremos os aspectos da teoria dos números necessário para entender o sistema RSA e a sua implementação.

3.2 Teoria dos números para RSA

A matemática necessária para entender o sistema RSA e sua implementação vai um pouco além da teoria dos números, que já foi discutida no Capítulo 1. O material apresentado aqui pode ser encontrado com detalhes de demonstrações nos livros [SSG], [S] e [Sho uit].

O nosso primeiro passo é o teorema a seguir conhecido como **pequeno teorema de Fermat**.

Teorema 3.1: Seja p um número primo. Se a é um número inteiro tal que $mdc(p, a) = 1$, então

$$a^{p-1} \equiv 1 (mod \ p).$$

Como foi demonstrado no livro [SSG], esse teorema é uma consequência direta do seguinte teorema de Euler.

Teorema 3.2: Sejam a, m inteiros com $m > 0$ tal que $mdc(a, m) = 1$. Então

$$a^{\varphi(m)} \equiv 1(mod\ m).$$

Para ver como o pequeno teorema de Fermat (Teorema 3.1) é uma consequência do teorema de Euler (Teorema 3.2) basta supor que $m = p$. Nesse caso as condições do Teorema 3.1 estão satisfeitas. Por outro lado, temos $\varphi(p) = p - 1$. Portanto, o teorema de Euler nos fornece

$$a^{p-1} \equiv 1(mod\ p).$$

Que é exatamente a afirmação do teorema de Fermat. A seguir produzimos uma demonstração para o teorema de Euler.

Demonstração. Sejam $\{r_1, r_2, \cdots, r_{\varphi(m)}\}$ os elementos de $(\mathbb{Z}/m\mathbb{Z})^*$. Nesse conjunto estão presentes os elementos 1 e $m - 1$, chamaremos $r_1 = 1$ e $r_{\varphi(m)} = m - 1$. Agora considere o conjunto $J = \{ar_1, ar_2, \cdots, ar_{\varphi(m)}\}$. É fácil demonstrar que os elementos de J são incongruentes, módulo m dois a dois. Agora, de acordo com Teorema 1.6 do Capítulo 1 temos que

$$
\begin{aligned}
ar_1 &\equiv r_i(mod\ m) \\
ar_2 &\equiv r_j(mod\ m) \\
\cdots &\equiv \cdots \\
\cdots &\equiv \cdots \\
ar_{\varphi(m)} &\equiv r_k(mod\ m)
\end{aligned}
$$

em que $r_i, r_j, \cdots, r_k$ são elementos de $(\mathbb{Z}/m\mathbb{Z})^*$. Fazendo o produto dos dois lados dessas congruências, chegaremos ao seguinte teorema:

$$a^{\varphi(m)} r_1 r_2 \cdots r_{\varphi(m)} \equiv r_1 r_2 \cdots r_{\varphi(m)}(mod\ m).$$

Sistema RSA

O fato de que todos os elementos $r_1, r_2, \cdots, r_{\varphi(m)}$ são coprimos com m implica o produto $r_1 r_2 \cdots r_{\varphi(m)}$ que também é coprimo com m. Logo, pelo Teorema 1.7 do Capítulo 1, após o cancelamento de $r_1 \cdots r_{\varphi(m)}$ dos dois lados dessa última congruência, temos $a^{\varphi(m)} \equiv 1 (mod\ m)$. A demonstração está completa.

Historicamente o pequeno teorema de Fermat foi demonstrado para o caso $a = 2$. No livro [S], o leitor pode encontrar a demonstração dada originalmente por Fermat. Euler mais tarde generalizou o teorema de Fermat na forma que conhecemos hoje, o Teorema 3.2.

Esses teoremas têm uma aplicação interessante. Eles podem ser usados para verificar se um dado inteiro positivo NÃO É PRIMO. Por exemplo, considere o número $n = 51$. Vamos ver que esse número não é primo. Primeiro, a seguinte lista dos números $1 \leq x \leq 51$ coprimos com 51, isto é $mdc(x, 51) = 1$, nos mostra que $\varphi(51) = 32$.

1	2	4	5	7	8	10	11	13	14	16	19	20	22	23	25
26	28	29	31	32	35	37	38	40	41	43	44	46	47	49	50

Tabela 1

Agora, observamos que $n = 51$ é um número ímpar e portanto coprimo com 2. Se 51 fosse primo, a seguinte congruência deveria ser verdadeira

$$2^{51-1} \equiv 1 (mod\ 51),$$

mas após calcular o lado esquerdo da congruência acima (usando o programa MAPLE) podemos ver que

$$2^{51-1} = 2^{50} = 1125899906842624$$

e

$$2^{50} - 1 = 1125899906842623$$

que não é divisível por 51. Portanto, 51 não é primo.[1]

O seguinte resultado é um corolário importante do teorema de Fermat.

Corolário 3.1: Sejam p e q dois números primos distintos. Seja $m = pq$. Suponhamos que exista um inteiro r tal que

$$r \equiv 1(mod\ (p-1))\ \text{ e }\ r \equiv 1(mod\ (q-1)).$$

Então, para todo inteiro a temos

$$a^r \equiv a(mod\ m).$$

Demonstração. Existem dois casos a considerar. Primeiro, p não divide a. Então

$$a^r = a^{k(p-1)+1} = (a^{p-1})^k(a) \equiv 1^k a \equiv a(mod\ p).$$

Segundo, $p|a$. Nesse caso $a \equiv 0 \equiv a^r(mod\ p)$. Isso é exatamente $a^r \equiv a(mod\ p)$. Portanto, nos dois casos temos,

$$a^r \equiv a(mod\ p).$$

Similarmente podemos provar que

$$a^r \equiv a(mod\ q).$$

---

[1]Também poderia ser usado o fato de que $\varphi(51) \neq 51 - 1 = 50$, mostrando que 51 não é primo. O objetivo desse exemplo não era realmente verificar o fato trivial que 51 não é primo, mas usar o pequeno teorema de Fermat para chegar a esse fato.

Daí
$$a^r \equiv a(mod\ m),$$
pois $p|(a^r - a)$ e $q|(a^r - a)$, então $m = pq|(a^r - a)$. Isso completa a demonstração.

Também precisaremos do seguinte teorema.

Teorema 3.3: Sejam p e q dois números primos distintos e $a \in \mathbb{Z}$ tal que
$$a \not\equiv 0(mod\ p),\quad a \not\equiv 0(mod\ q).$$
Então,
$$a^{(p-1)(q-1)} \equiv 1(mod\ pq).$$

Demonstração. Pelo pequeno teorema de Fermat temos $a^{p-1} \equiv 1(mod\ p)$. Então, tomando a $(q-1)$-ésima potência nos dois lados dessa congruência teremos
$$(a^{p-1})^{q-1} \equiv 1^{q-1}(mod\ p).$$
Isso implica
$$a^{(p-1)(q-1)} \equiv 1(mod\ p).$$
Da mesma forma, dessa vez usando o pequeno teorema de Fermat $a^{q-1} \equiv 1(mod\ q)$, podemos ver que
$$a^{(q-1)(p-1)} \equiv 1(mod\ q).$$
Portanto, p e q dividem $a^{(p-1)(q-1)} - 1$, logo
$$a^{(p-1)(q-1)} \equiv 1(mod\ pq).$$

A demonstração está completa.

O seguinte teorema mostrará o que é o sistema RSA, como estão definidas as cifras e como podemos decifrá-las.

Teorema 3.4: Suponhamos que:

1) p e q são números primos distintos;

2) $e \in \mathbb{N}$ é um inteiro tal que $mdc(e, (p-1)(q-1)) = 1$;

3) $T \in \mathbb{Z}$ é um inteiro tal que $T \not\equiv 0(mod\ p)$ e $T \not\equiv 0(mod\ q)$;

4) $C \in \mathbb{Z}$ é um inteiro definido por $C \equiv T^e(mod\ pq)$;

5) $d \in \mathbb{Z}$ é um inteiro definido pelas duas condições

$$ed \equiv 1(mod\ (p-1)(q-1)), \quad 1 \le d < (p-1)(q-1).$$

Então

$$T \equiv C^d(mod\ pq).$$

Demonstração. Pela condição (4) temos que

$$C^d \equiv (T^e)^d(mod\ pq).$$

Isso nos diz que

$$C^d \equiv T^{ed}(mod\ pq).$$

Mas, $ed \equiv 1(mod\ (p-1)(q-1))$. Portanto,

$$ed = \ell(p-1)(q-1) + 1,$$

para algum inteiro $\ell \in \mathbb{Z}$ (na verdade $\ell \in \mathbb{N}$, pois $e, d \in \mathbb{N}$). Então

$$C^d \equiv T^{ed} \equiv T^{\ell(p-1)(q-1)+1}(mod\ pq).$$

Sistema RSA

Pelo Teorema 3.3 temos

$$T^{(p-1)(q-1)} \equiv 1 (mod\ pq).$$

Logo,

$$C^d \equiv T^{\ell(p-1)(q-1)+1} \equiv (T^{p-1})^\ell \times T \equiv 1^\ell \times T \equiv T (mod\ pq).$$

Pode ser representado também da seguinte forma

$$T \equiv C^d (mod\ pq).$$

A demonstração está completa.

3.3   Implementação de RSA

A seguir mostraremos como usar o teorema precedente e implementar o sistema de criptografia RSA. Observe que nesse sistema a questão também é como escrever cifras e decifrá-las. Nas discussões a seguir, o texto da mensagem está escrito em números (usando por exemplo alfabeto digital) e C as cifras, usadas para encriptar a mensagem.

Definição 3.2: Chamaremos o número $n = pq$ de **módulo**, o número e de **potência de encifração**, d de **potência de decifração** e a tripla (n, e, d) de a **chave do sistema RSA**.

É claro que os números n, e, d são todos escolhidos por usuários do sistema RSA e esses números têm de satisfazer as condições de (1) a (5) do Teorema 3.4.

Definição 3.3: O par (n, e) é a **chave pública do sistema RSA** e o par (n, d) é a **chave privada do sistema RSA**.

A comunicação entre as fontes A e B está baseada no uso das chaves pública e privada. A chave pública (n, e) da fonte A deve ser conhecida por B e a chave pública (n', e') da fonte B deve ser conhecida por A. Neste caso, B e A podem trocar mensagens secretas no sistema RSA. Para que B consiga enviar mensagens para A as etapas são:

1) B deve saber da chave pública (n, e) de A.

2) B traduz a mensagem x no alfabeto digital T (esse alfabeto deve ser conhecido pelas mesmas fontes).

3) B escreve T em blocos numéricos $T_1, T_2, \cdots, T_r$. Os números $T_1, T_2, \cdots, T_r$ não devem ultrapassar o número $n = pq$.

4) B encripta os blocos $T_1, T_2, \cdots, T_r$ usando a condição (4) do Teorema 3.4 e assim estabelece as cifras $C_1, C_2, \cdots, C_r$. Logo

$$C_1 \equiv T_1^e (mod\ n), C_2 \equiv T_2^e (mod\ n), \cdots, C_r \equiv T_r^e (mod\ n).$$

Relembre que os C_i devem ser escolhidos de tal forma que $C_i < n$ para todo $i = 1, \cdots, r$.

5) B transmite as cifras $C_1, C_2, \cdots, C_r$ para A.

6) Ao receber a cifra, a fonte A decifra as cifras $C_1, C_2, \cdots, C_r$ usando o resultado do Teorema 3.4, que diz

$$T_i \equiv C_i^d (mod\ n), \quad i = 1, 2, \cdots, r,$$

usando a chave privada (n, d) na verdade somente d é privada para A e somente A sabe esse número.

7) Uma vez que $T_1, T_2, \cdots, T_r$ são conhecidos por A, ele/ela

Sistema RSA 49

podem usar o alfabeto digital e transformar esses blocos numéricos na mensagem original x.

E o processo está completo.

Exemplo 3.1: Suponhamos que $p = 3$ e $q = 17$. Nesse caso $n = pq = 51$. Temos $p - 1 = 2$, $q - 1 = 16$ e $(p-1)(q-1) = 32$. Seja $e = 5$. É claro que $e = 5$ satisfaz a condição (2) do Teorema 3.4. Para escolher d, temos de considerar a congruência

$$ed \equiv 1 (mod\ 32) \quad (*)$$

e as desigualdades

$$1 \le d < 32 \quad (**).$$

A congruência $(*)$ pode ser escrita na seguinte forma

$$5d = 1 + 32\ell.$$

Para achar uma solução para d, vamos escrever esta igualdade da seguinte forma

$$d = \frac{1}{5} + 6\ell + \frac{2\ell}{5} = \frac{1 + 2\ell}{5} + 6\ell.$$

É necessário que o lado direito da igualdade precedente seja um número inteiro, pois d é um número inteiro. Uma escolha para ℓ pode ser obtida com o fato de que $\frac{1+2\ell}{5}$ deve ser inteiro, isso nos leva à conclusão de que $\ell = 2$. Da mesma forma $\ell = 7$ e $\ell = 12$ são outras possibilidades para ℓ, na verdade existem infinitas possibilidades para a escolha de ℓ. Agora, temos de levar em consideração as desigualdades $(**)$, temos

$$\ell = 2 \quad \Rightarrow \quad d = 1 + 12 = 13$$
$$\ell = 7 \quad \Rightarrow \quad d = 3 + 42 = 45$$
$$\ell = 12 \quad \Rightarrow \quad d = 5 + 72 = 77.$$

Mas para $(**)$ somente $d = 13$ é aceitável. E então para esse valor de d a condição (3) do Teorema 3.4 está satisfeita. Por outro lado a condição (4) nos diz que

$$C \equiv 19^5 (mod\ 51)$$

ou

$$C \equiv 2476099(mod\ 51).$$

Logo, pelo Teorema 3.4 teremos

$$19 \equiv 2476099^{13}(mod\ 51).$$

Podemos testar se essa congruência é realmente verdadeira. Para calcularmos a potência do lado direito podemos usar um programa de computador, por exemplo MAPLE. Usando esse programa teremos

$$\begin{aligned}
2476099^{13} \ =\ & 1315176565966046639561\backslash \\
& 0217664267871507202007\backslash \\
& 2327450916777499793705\backslash \\
& 236707816143809299
\end{aligned}$$

que é um número com 84 algarismos.[2] Agora podemos subtrair dele o número 19 e dividir o resultado por 51 em que o resto será 0.

O leitor deve observar que na prática os números p, q e $n = pq$ são números grandes, digamos números com mais de 100 algarismos. Para que as mensagens não possam ser decifradas no tempo padrão, é importante que p e q sejam escolhidos de tal forma que a fatoração de n seja difícil. E assim aparece uma pergunta natural:

---

[2] O símbolo "$\backslash$" ao final de um número indica que os algarismos do número em questão continuam na linha seguinte.

Sistema RSA 51

Como saberemos se as escolhas de p e q são boas?

A resposta para essa pergunta está ligada ao processo de fatoração dos números inteiros naturais. Na prática existem vários métodos (algoritmos) para fatorar um dado inteiro n, esses métodos podem ser úteis, práticos e econômicos, do ponto de vista do consumo de tempo, dependendo do número de algarismos de n (veja Apêndice B).

Por exemplo, se quisermos usar o MAPLE para procurar primos p e q podemos escolher um inteiro qualquer y, digamos de 100 algarismos e perguntar se ele é primo. Para fazer isso usaremos o comando

$$isprime(y)$$

Se o número y é primo, chamá-lo-emos de p e escolheremos q de tal forma que o número de seus algarismos seja um pouco maior ou um pouco menor que o número de algarismos de p (digamos 5 algarismos). Mas, se o número escolhido y não for primo, usaremos o comando

$$nextprime(y)$$

Assim o programa MAPLE dar-nos-á um número primo e poderemos chamá-lo de p. Após escolher p e q a questão é se esses números são adequados para serem usados como fatores de n. Isso pode ser também determinado pelo mesmo programa. O comando

$$ifactor(n)$$

mostrará os fatores primos de n. Se o tempo do trabalho do computador for razoavelmente curto, então os números primos p e q

não são adequados para serem usados na implementação de cifras de RSA, deveremos tentar outros números primos. Veja o exemplo a seguir.

Exemplo 3.2: Seja $y = 123416281791712902191013339191 81$. Aplicando o MAPLE poderemos perguntar se esse número é primo

$$isprime(12341628179171290219101333919181)$$

e a resposta do MAPLE será:

$$false$$

Agora que esse número não é primo podemos perguntar qual é o próximo primo

$$nextprime(12341628179171290219101333919181)$$

O MAPLE nos dará

$$12341628179171290219101333919279.$$

Chamaremos esse número de p. Para achar um candidato para o número q aumentaremos os algarismos, colocaremos 36123 no final desse número p e usaremos o MAPLE para saber se esse novo número é primo

$$isprime(1234162817917129021910133391927936123)$$

$$false$$

Então vamos perguntar qual é o próximo primo

$$nextprime(1234162817917129021910133391927936123)$$

Sistema RSA 53

A resposta do MAPLE é o número

$$q = 1234162817917129021910133391927936183$$

que tem 37 algarismos. Usaremos MAPLE de novo para saber qual é o produto $n = pq$. Para isso, usaremos o comando de multiplicação $*$ calculando $n = p * q$. E teremos

$$n = 15231578611291485643072555538\backslash$$
$$48488684076667194575533842032\backslash$$
$$353185372057$$

que é um número de 68 algarismos. Para verificar se esse é um número adequado para ser usado na cifra RSA, novamente usaremos o MAPLE. O comando

$$ifactor(n)$$

mostra-nos os divisores primos de n. Após usar esse comando, observamos que para o MAPLE não será uma tarefa imediata decompor n em fatores primos, e que esse trabalho levará um tempo razoável para ser executado. Então, as nossas escolhas de p e q são satisfatórias, pois são números primos grandes em que o produto deles é de difícil decomposição em fatores primos.

A questão da fatoração de um inteiro nos seus divisores primos e a questão de decidir se um número inteiro é primo estão entre os problemas mais clássicos dos números. Ao mesmo tempo, a importância desses problemas está ficando cada vez mais aparente, com o avanço da tecnologia e com o uso de cartões de identidade, de crédito, nos problemas de desenho de computadores, em criptografia e teoria dos códigos. Portanto, esses tipos de problemas merecem um estudo detalhado e básico. Atualmente, esses problemas pertencem à área de teoria computacional dos números que já é um ramo muito ativo da pesquisa matemática.[3]

3.4 Assinaturas

É natural perguntar como a fonte A poderia ter certeza de que a mensagem recebida era realmente da fonte B. Essa é uma questão de segurança na transmissão de mensagens ou autenticidade de mensagens. No caso de se enviar mensagens por cartas ou formas escritas não eletrônicas, as assinaturas geralmente são feitas por carimbos ou carimbos a cera. No caso das mensagens eletrônicas existem formas para autenticá-las. O nosso objetivo é discutir uma forma de assinar as mensagens e garantir ao receptor que elas sejam assinadas pelo remetente autorizado.

Com as mesmas notações empregadas no final da Definição 3.3, sejam (n, e) a chave pública de A e (n', e') a chave pública de B. Nesta seção discutiremos uma maneira de assinar mensagens no sistema RSA. Para isso consideraremos dois casos:

Primeiro caso: $n' \leq n$;

Segundo caso: $n \leq n'$.

No primeiro caso $(n' \leq n)$, vamos supor que a fonte B queira enviar uma mensagem assinada para a fonte A. A fonte B segue os seguintes passos:

1) B traduz o texto x da mensagem no alfabeto digital e escreve

---

[3]Para mais detalhes veja Apêndice B no final do livro.

a mensagem digital T.

2) B quebra a mensagem T em blocos $T_1, T_2, \cdots, T_r$ de forma que cada número T_i seja menor que n' (naturalmente menor que n, pois $n' < n$) e cada T_i co-primo com n e n'. Observe que o fato de que n é produto de dois números primos grandes permite-nos criar esses blocos.

Agora usando a sua chave privada, a fonte B assina a mensagem a seguir:

3) B determina números $c_1, c_2, \cdots, c_r$ tal que

$$c_i \equiv T_i^{d'}(mod\ n'),\ \text{para todo}\ i = 1, 2, \cdots, r,$$

em que d' é a chave privada de B.

4) B determina as cifras (números) $C_1, C_2, \cdots, C_r$ tal que

$$C_i \equiv c_i^e(mod\ n),\ \text{para todo}\ i = 1, 2, \cdots, r,$$

e tal que os números C_i são menores do que n.

Assim termina o processo de transmissão da mensagem pela fonte B. Ao receber a mensagem como a fonte A poderá saber qual foi a mensagem transmitida pela fonte B? Para saber, A deve seguir os seguintes passos:

1) A decifra os números $C_1, C_2, \cdots, C_r$ usando a chave privada d e determina os números

$$u_i \equiv C_i^d(mod\ n),\ \text{para todo}\ i = 1, 2, \cdots, r,$$

com $u_i < n$. Na verdade, com um pouco de atenção poderemos observar que u_i é nada que c_i.

2) A decifra a mensagem e estabelece as cifras:

$$y_i \equiv u_i^{e'} (mod\ n'), \text{ para todo } i = 1, 2, \cdots, r,$$

em que os números y_i são escolhidos de forma que $y_i < n'$. De fato observamos que $y_i = T_i$. Assim o processo está completo.

Agora vamos considerar o segundo caso em que $n \leq n'$. Suponhamos que a fonte B queira enviar o texto x (mensagem) para a fonte A. Nesse caso a fonte B deve seguir os seguintes passos:

1) B traduz o texto x na mensagem digital T e quebra T nos blocos (números) $T_1, T_2, \cdots, T_r$, em que cada número $T_i < n$, e como consequência teremos $T_i < n'$ (pela nossa suposição nesse caso) e co-primos com ambos n e n'.

Nos seguintes passos B vai assinar a mensagem:

2) B determina números $c_1, c_2, \cdots, c_r$, usando a chave pública de A por meio da congruência:

$$c_i \equiv T_i^e (mod\ n), \text{ para todo } i = 1, 2, \cdots, r,$$

em que $c_i < n$.

Sistema RSA

3) B envia as cifras C_i determinadas pela:

$$C_i \equiv c_i^{d'} (mod\ n'),\ \text{para todo } i = 1, 2, \cdots, r,$$

em que os números C_i são escolhidos de tal forma que $C_i < n'$.

Ao receber as cifras C_i a fonte A segue os seguintes passos:

1) A decifra as cifras C_i encontrando os números u_i, assim:

$$u_i \equiv C_i^{e'} (mod\ n'),\ \text{para todo } i = 1, 2, \cdots, r,$$

com $u_i < n'$. Observe que na verdade os u_i's são os c_i's.

2) A determina os números $y_i < n$, tais que

$$y_i \equiv u_i^{d} (mod\ n),\ \text{para todo } i = 1, 2, \cdots, r.$$

Observe que na verdade os y_i's são iguais a T_i's.

Isso completa o processo de decifração da mensagem assinada. Em resumo, todo o processo anterior pode ser dito da seguinte forma:

B1) A fonte B usa a sua chave privada para fazer a assinatura na primeira encifração.

B2) A fonte B usa a chave pública da fonte A para fazer a segunda encifração antes de enviar a mensagem. Agora, a mensagem está assinada.

Para que a fonte A, ao receber a mensagem, garanta que ela foi enviada da fonte B, ela segue as seguintes etapas:

A1) A fonte A usa a sua chave privada para fazer a primeira decifração.

A2) A fonte A usa a chave pública da fonte B para fazer a segunda decifração e ler a mensagem.

Existem diversas referências para se estudar criptografia e chave pública, entre elas com certeza a obra original [DH] que deve ser mencionada, mas também existem outras obras como o livro de [J].

3.5 Exercícios

1) Quantos números primos existem entre 2^{100} e 2^{101}?

2) Pelo Teorema de Wilson (veja [SSG]) um número n é primo se, e somente se,

$$(n - 1)! + 1 \equiv 0(mod\ n).$$

Usando esse Teorema, mostre que 27 não é um número primo. Relembre que 26! é calculado após Teorema 2.2.

3) Implementar o RSA para $p = 5, q = 19$. Veja o Exemplo 3.1.

4) Usar o Teorema A.2 (Apêndice A) e estimar a quantia de números primos maiores que 10^{10} até 10^{15}.

5) Usar o Corolário A.1 (Apêndice A) e mostrar que 15 não é um

Sistema RSA

número primo.

6) Usar o Teorema A.5 (Teorema de Lucas) e mostrar que 11 é um número primo.

7) Usar o Teorema A.6 (Teorema de Pocklington) e mostrar que 11 é um número primo. Por que o mesmo Teorema pode ser usado para provar que 12 não é primo?

8) Escreva uma mensagem assinada no sistema RSA, usando os dados do Exemplo 3.1 (veja também o Exercício 3).

Apêndice A

A.1 Testes de Primalidade

Um dos problemas práticos e muito importante na criptografia é o problema de achar números primos grandes. A infinidade de números primos garante que existem números primos grandes. Estatisticamente a distribuição de números primos pode ser decidida através do famoso Teorema do Número Primo provado no fim do século dezenove. Para entender o que é esse teorema devemos definir a função $\pi(n)$.

Seja $\pi(n)$ o número de números primos que são menores ou iguais a n. Por exemplo, a seguinte lista mostra o valor de $\pi(n)$ para alguns números

$$\pi(2) = 1, \ \pi(3) = 2, \ \pi(4) = 2, \ \pi(5) = 3, \ \pi(6) = 3, \ \pi(7) = 4,$$

$$\pi(8) = 4, \ \pi(9) = 4, \ \pi(10) = 4, \ \pi(10^9) = 50847478.$$

Quando o número n é pequeno o cálculo de $\pi(n)$ é possível dentro de um tempo razoável. Mas quando o número n é muito grande não sabemos como calcular o valor exato de $\pi(n)$. E na verdade em muitos casos práticos não é necessário ter o valor exato de $\pi(n)$. O teorema de número primo nos mostra qual é o compartamento de $\pi(n)$ no infinito.

Teorema A.1 (Teorema do Número Primo 1896): a seguinte igualdade é verdadeira

$$\lim_{n\to\infty}\left\{\pi(n)/\left(\frac{n}{\ln n}\right)\right\} = 1.$$

Nós não vamos provar esse teorema, cuja demonstração existe em alguns livros de teoria analítica dos números, por exemplo no livro de Apostol [A], ou até no livro de análise funcional de Rudin [R] usando a teoria tauberiana.

Na prática podemos usar algumas cotas superiores ou inferiores para estimar o valor de $\pi(n)$. Por exemplo, o seguinte teorema cuja demonstração pode ser encontrada no livro de Apostol [A], fornce cota superior e inferior para a função $\pi(n)$.

Teorema A.2: Para todo $n \geq 2$ temos que

$$\frac{1}{6}\frac{n}{\ln n} < \pi(n) < 6\frac{n}{\ln n},$$

onde $\ln n$ é logaritmo de n na base e.

A.1.1 Método da divisão

O método da divisão está baseado na definição de número primo. Para verificar que um inteiro positivo n é primo podemos ver se ele é divisível por números primos menores que n. Desta maneira na verdade não é necessário dividir n por todos os números primos menores que n, basta fazer a divisão até $\lfloor\sqrt{n}\rfloor - 1$, pois se a é um divisor de n, então $n = a \times b$ para certo inteiro positivo b, que

Apêndice A   63

também é um divisor[1]. Portanto, se a é muito próximo a $\sqrt{n}$, então b também o é.

É claro que o método da divisão é muito eficiente para números pequenos e para números grandes esse método é ineficiente. Por exemplo, para verificar se um número com 10 algarismos é primo usando o método da divisão teremos que dividir esse número por pelo menos $\sqrt{\pi(10^9)} = \sqrt{50847478}$ números primos antes de 10^9, que envolve mais de 7000 divisões. Agora imagine se quisermos verificar que um dado número de 100 algarismos é primo, teríamos que fazer bilhões e bilhões de divisões. Na prática isso leveria anos e anos de trabalho a mão.

A seguir discutiremos um outro método para testar se um inteiro positivo é primo. Esse método está baseado no pequeno teorema de Fermat (veja Capítulo 3).

A.1.2   Pseudoprimalidade

Pelo pequeno teorema de Fermat se $mdc(a, n) = 1$ e n é um número primo então
$$a^{n-1} \equiv 1(mod\ n).$$

Agora, seja
$$(\mathbb{Z}/n\mathbb{Z})^{+} := \{1, 2, \cdots, n-1\}.$$

Com essa notação o pequeno teorema de Fermat pode ser escrito na seguinte forma.

Teorema A.3 (Pequeno Teorema de Fermat): Se n é um

---

[1]Para definição de $\lfloor x \rfloor$ veja a nota de rodapé do Capítulo 1.

número primo então para todo $a \in (\mathbb{Z}/n\mathbb{Z})^+$ temos que

$$a^{n-1} \equiv 1(mod\ n). \tag{A.1}$$

O que realmente nos interessa é o seguinte corolário que é uma versão recíproca do teorema de Fermat (veja Teorema 3.1).

Corolário A.1: Se existir um número $a \in (\mathbb{Z}/n\mathbb{Z})^+$ tal que

$$a^{n-1} \not\equiv 1(mod\ n)$$

então n não é primo, é composto.

Entretanto, na prática podemos considerar $a = 2$ e usar o corolário acima. Se para um dado número inteiro positivo n teremos $2^{n-1} \not\equiv 1(mod\ n)$ então n é composto. Mas, se $2^{n-1} \equiv 1(mod\ n)$ não há garantia de que n é primo, pois o Teorema A.3 não implica que se a identidade (A.1) é verdadeira então n é primo (é necessário que n seja primo).

Baseado nisso, temos a seguinte definição para números **pseudoprimos**.

Definição A.1: Dizemos que um inteiro positivo n é a-**pseudoprimo** ou **pseudoprimo na base** $a \in (\mathbb{Z}/n\mathbb{Z})^+$, se

$$a^{n-1} \equiv 1(mod\ n).$$

Quando $a = 2$ simplesemente dizemos que n é **pseudoprimo**. Neste caso n satisfaz $2^{n-1} \equiv 1(mod\ n)$.

Observação: Os números primos $p \neq 2$ são a-pseudoprimos para todo $a \in (\mathbb{Z}/n\mathbb{Z})^+$. E isso não deve causar confusão na interpretação da palavra "pseudo" que nos dicionários de língua Portuguesa é

Apêndice A 65

interpretado como "falso". Do ponto de visita da língua não é certo que um número primo também seja falso primo. Então, é melhor interpretar pseudoprimo como "semelhante a um primo", pois os números pseudoprimos que não são primos têm uma semelhança com primos, eles satisfazem a congruência $a^{n-1} \equiv 1 (mod\ n)$. Eles são falsamante primos (veja o meu livro Números Notáveis [S]).

Um caso muito interessante acontece quando um número é um número a-pseudoprimo para toda base a.

Definição A.2: Se um número n é pseudoprimo para toda base $a \in (\mathbb{Z}/n\mathbb{Z})^+$ dizemos que esse núnmero é um **número de Carmichael**.

Exemplo A.1: 1) Os seguintes são os primeiros quatro números pseudoprimos que não são primos

$$341,\ 561,\ 645,\ 1105$$

Eles são respectivamente fatorados da seguinte forma

$$341 = 11 \times 31,\ 561 = 3 \times 11 \times 17,\ 645 = 3 \times 5 \times 43,\ 1105 = 5 \times 13 \times 17.$$

2) Os primeiros cinco números de Carmichael são

$$561,\ 1105,\ 1725,\ 2465,\ 2821.$$

Eles são respectivamente fatorados na seguinte forma

$$561 = 3 \times 11 \times 17$$
$$1105 = 5 \times 13 \times 17$$
$$1729 = 7 \times 13 \times 19$$
$$2465 = 5 \times 17 \times 29$$
$$2821 = 7 \times 13 \times 31.$$

Como podemos ver todos esses números de Carmichael têm 3 fatores primos. Mas, isso não ocorre sempre. O primeiro número de Carmichael com 4 fatores primos é

$$41041 = 7 \times 11 \times 13 \times 41$$

e o primeiro número de Carmichael com 5 fatores primos é

$$825265 = 5 \times 7 \times 17 \times 19 \times 73$$

Os números de Carmichael são muito raros, mas em seu artigo de 1912 [C] Carmichael escreveu que existem infinitos números pseudoprimos para toda base a. Em outras palavras, existem infinitos números de Carmichael. Hoje em dia isso é um teorema. A existência de infinitos números de Carmichael foi provada e publicada em 1994 por Alford, Granville e Pomerence [AGP].

A razão para que os números de Carmichael sejam raros está baseada no fato de que tais números satisfazem várias condições. Os seguintes três resultados mostram esse fato e outras propriedades dos números de Carmichael.

Teorema A.4 (Korselt 1899): Um inteiro positivo $n = p_1 p_2 \cdots p_k$ representado pelo produto de seus divisores primos p_i é número de Carmichael se, e somente se, os divisores p_i para todo $i = 1, 2, \cdots, k$ são distintos e o mínimo múltiplo comum

$$mmc(p_1 - 1, p_2 - 1, \cdots, p_k - 1) \quad \text{divide } n - 1.$$

Demonstração. Se n é um número de Carmichael então $a^{n-1} \equiv$

Apêndice A 67

$1(mod\ n)$ para todo $a \in (\mathbb{Z}/n\mathbb{Z})^+$. Logo n satisfaz o sistema

$$a^{n-1} \equiv 1(mod\ p_i) \quad i = 1, 2, \cdots, k. \tag{A.2}$$

Pelo Teorema de Resto Chinês (veja [SSG]) o sistema (A.2) tem solução se, e somente se, o mínimo múltiplo comum $mmc(p_1 - 1, p_2 - 1, \cdots, p_k - 1)$ divide $n - 1$. A demonstração está completa.

Corolário A.2: n é um número Carmichael se, e somente se, ele é livre de quadrados e $(p - 1)|(n - 1)$ para todo divisor primo p de n.

Corolário A.3: Números de Carmichael são ímpares e têm pelo menos três divisores primos.

A.1.3   Teorema de Lucas e Pocklington

Os seguintes teoremas de Lucas de 1876 e de Pocklington de 1914 (veja [P]) são práticos para verificar se um número é primo. Eles são usados para implementação de testes de primalidade.

Teorema A.5 (Lucas 1876): Seja $n \geq 3$ um inteiro e $a \in \mathbb{Z}$ tal que $a^{n-1} \equiv 1(mod\ n)$ e $a^x \not\equiv 1(mod\ n)$ para todo x com $1 \leq x < n - 1$, então n é primo.

Demonstração. A congruência $a^{n-1} \equiv 1(mod\ n)$ implica que $mdc(a, n) = 1$. Por outro lado, os inteiros a^i e a^j para $1 \leq i < j \leq n - 1$ são incongruentes módulo n, pois caso contrário, teremos $a^i \equiv a^j(mod\ n)$. Isso implica que $a^i(a^{j-i} - 1) \equiv 0(mod\ n)$. Mas $mdc(a, n) = 1$, e então

$$a^{j-i} \equiv 1(mod\ n).$$

Isso é impossível pela segunda condição do teorema. Logo os números $a, a^2, \cdots, a^{n-1}$ são congruentes a $1, 2, \cdots, n-1$ (não necessariamente nessa ordem) módulo n (por quê?). Isso implica que se p é o menor número primo que divide n, então existe um inteiro positivo r tal que $a^r \equiv p(mod\ n)$. Mas isso é impossível, pois $mdc(a, n) = 1$. Logo, não existem primos que dividem n. Portanto n é primo. A demonstração está completa.

Teorema A.6 (Pocklington 1914): Seja $n > 1$ inteiro e $s > 0$ um divisor de $n - 1$. Suponha que existe um inteiro a satisfazendo

$$a^{n-1} \equiv 1(mod\ n),$$

e

$$mdc(a^{(n-1)/q} - 1, n) = 1$$

para todo divisor primo q de s. Então, todo divisor primo p de n satisfaz a congruência $p \equiv 1(mod\ s)$, e se $s > \sqrt{n} - 1$, n é primo.

Demonstração. Seja p um divisor primo de n, e b o resto da divisão de $a^{(n-1)/s}$ por n. Então temos que $a^{(n-1)/s} \equiv b(mod\ n)$. Portanto também $a^{n-1} \equiv b^s(mod\ n)$. Por outro lado, a congruência $a^{n-1} \equiv 1(mod\ n)$ implica que $b^s \equiv 1(mod\ p)$. Logo, o expoente de $b(mod\ p)$ (na terminologia de teoria dos números [SSG]) ou a ordem de $b(mod\ p)$ (na terminologia de teoria dos grupos) no grupo $(\mathbb{Z}/p\mathbb{Z})^*$ divide s. Do outro lado, se q é um divisor primo de s, $b^{s/q} \not\equiv 1(mod\ p)$, pois pela hipótese $a^{(n-1)/q} - 1$ não é divisível por p. Portanto, a ordem de $b(mod\ p)$ não é um divisor de s/q, qualquer que seja o divisor primo q de s. Então essa ordem é igual a s. Mas, expoente (ou ordem) divide $p - 1$ (veja [SSG]). Portanto

$$p \equiv 1(mod\ s).$$

Apêndice A   69

Isso completa a primeira parte do teorema. Para provar a segunda afirmação, primeiro observe que de $p \equiv 1(mod\ s)$ segue-se que $p - 1 = ks \geq s$ para certo inteiro positivo k. Logo $p \geq s + 1 > \sqrt{n}$. Mas, $s > \sqrt{n} - 1$ então $p > \sqrt{n}$. E isso só pode ser verdadeira para todo divisor primo p de n uma vez que n é primo (veja Execrcício 1 do Capítulo 1). A demonstração está completa.

Após do seguinte subseção veremos como os dois teoremas acima podem ser usados para implementação de testes e algoritmos de primalidade.

A.1.4   Números de Fermat e Mersenne

Uma das aplicações de teorema de Pocklington é para verificar se certos números notáveis são primos. Entre os números notáveis devemos considerar pelo menos os números de Fermat e Mersenne.

Definição A.3: O número $F_n = 2^{2^n} + 1$ é chamado **n-éisma número de Fermat**.

Nem todos os números de Fermat são primos. Alguns deles são, mas não sabemos se o conjunto dos números de Fermat primos é infinito. Por exemplo, os seguintes são alguns números de Fermat primos e compostos.

$$
\begin{aligned}
F_1 &= 5 \\
F_2 &= 17 \\
F_3 &= 257 \\
F_4 &= 65537 \\
F_5 &= 4294967297 = 641 \times 6700417 \\
F_6 &= 18446744073709551617 \\
&= 2741177 \times 67280421310721.
\end{aligned}
$$

70   Salahoddin Shokranian

Os seguintes teoremas indicam algumas propriedades de números de Fermat que são bem conhecidas (veja [S]).

Teorema A.7: Quaisquer dois números distintos de Fermat são primos entre si. Em outras palavras, se $F_m \neq F_n$ são números de Fermat então $mdc(F_n, F_m) = 1$.

Teorema A.8: Um número de Fermat ou é primo ou pseudoprimo.

O outro conjunto de números notáveis usados nos problemas de primalidade é o conjunto dos números de Mersenne.

Definição A.4: O n-ésimo número de Mersenne é o número $M_n = 2^n - 1$.

O seguinte teorema mostra que uma condição necessária (mas não suficiente) para que M_n seja primo é que n seja primo. Veja [S] para detalhes.

Teorema A.9: Se n é um número composto (não primo) então M_n é composto.

A.1.5   Métodos algorítmicos

Algumas das utilidades básicas do Teorema de Pocklington é no teste de primalidade e no estudo da primalidade dos números de Fermat e Mersenne.

A idéia prinicipal que transforma o Teorema de Pocklington no método algorítmico de teste de primalidade é o fato de que podemos supor que s é o maior divisor de $n - 1$. E portanto é necessário conhecer os divisores de $n - 1$. Agora, suponhamos que n é um inteiro dado, e que queremos testar se ele é primo. Primeiro, vamos supor que esse inteiro tenha passado no teste de pseudoprimalidade.

Apêndice A   71

Em outras palavras, suponhamos que

$$a^{n-1} \equiv 1 (mod\ n)$$

para certo $a \in (\mathbb{Z}/n\mathbb{Z})^*$. Seja s o maior divisor de $n - 1$ que pode ser fatorado completamente, e que $s > \sqrt{n} - 1$. Agora, escolhamos um inteiro não nulo $a(mod\ s)$ arbitrário, e verifiquermos se esse número a passa pelas duas condições do Teorema de Pocklington. Relembramos que é fácil verificar essas condições pois os divisores primos q de s são conhecidos, e então se todas as condições são satisfeitas, teremos que n é primo.

Quando $n = 2^{2^k} + 1$ é um número de Fermat, então $n - 1 = 2^{2^k}$, que nos mostra todos os divisores de $n - 1$. Então o Teorema de Pocklington serve para testar se n é primo.

Quanto n é o k-ésima número de Mersenne $n = 2^k - 1$, o Teorema de Pocklington não oferece um método prático para saber se n é primo, pois $n - 1 = 2^k - 2$. E os divisores de $n - 1 = 2(2^{k-1} - 1)$, exceto 2, não são facilmente determináveis. Mas, há uma maneira de modificar o Teorema de Pocklington e chegar a um método prático para estudar a primalidade de números de Mersenne.

Chamaremos o seguinte teorema de **Teorema Torcido de Pocklington**. A demonstração desse teorema segue pelo mesmo caminho do Teorema de Pocklington. Porém, é importante observar os seguintes fatos para um melhor entendimento do teorema. Um fato fundamental usado na demonstração do Teorema de Pocklington é o fato de que o expoente t de um elemento x de um grupo finito G divide qualquer outra potência m que satisfaz $x^m = e$ (em particular a ordem de G), onde e é o elemento neutro de G (relembre que o expoente t é o menor inteiro positivo que satisfaz $x^t = e$). Esse fato foi usado na demonstração do Teorema de Pocklington aplicado ao grupo finito $\mathbb{F}_p^* = (\mathbb{Z}/p\mathbb{Z})^*$ de ordem $p-1$ e ao elemento $b(mod\ p)$. Mais precisamente, esse foi usado para provar que s, o expoente, divide $p-1$, ou seja $p \equiv 1(mod\ s)$. Porém, no caso de Teorema Torcido de Pocklington o grupo $\mathbb{F}_p^*$ não está diponível, e o objetivo é provar que $p \equiv -1(mod\ s)$, ou seja que s divide $p+1$. Mas, podemos inserir $b(mod\ p)$ num grupo finito de ordem $p+1$ (o grupo $\mathbb{F}_{p^2}^*/\mathbb{F}_p^*$ nas notações de teoria de corpos finitos). Com essa observação a demonstração segue o mesmo caminho de Teorema de Pocklington.

Teorema A.10: Seja $n > 1$ um inteiro e $s > 0$ um divisor de $n+1$. Suponha que existe um inteiro a satisfazendo

$$a^{n+1} \equiv 1(mod\ n),$$

e

$$mdc(a^{(n+1)/q} - 1, n) = 1$$

para todo divisor primo q de s. Então, todo divisor primo p de n satisfaz a congruência $p \equiv -1(mod\ s)$, e se $s > \sqrt{n} + 1$, então $p > \sqrt{n}$ e n é primo.

Quando n é um número de Mersenne, logo, pelo o Teorema Torcido de Pocklington podemos achar os divisores de $n+1$:

$$n + 1 = 2^k - 1 + 1 = 2^k.$$

Então os divisores de $n+1$ são todos conhecidos, eles são as potências de 2. Portanto, o mesmo procedimento que foi aplicado para testar a primalidade dos números de Fermat, através de Teorema de Pocklington, pode ser usado para testar primalidade de números de Mersenne.

Apêndice B

B.1 Testes de Fatoração e Algoritmos de Multiplicação

Em geral os testes de fatoração envolvem problemas da fatoração de um inteiro nos seus divisores primos, ou nos seus divisores (não necessariamante primos). Mas o mesmo também serve para fatoração de um polinômio nos seus divisores tanto sobre o anel dos inteiros $\mathbb{Z}$ quanto sobre os corpos finitos. Neste apêndice e neste livro serão considerados apenas o primeiro caso, o problema da fatoração de um inteiro positivo n nos seus divisores (primos ou não).

O problema da fatoração de um inteiro n nos seus divisores se divide em três partes:

- Decidir se n é primo, que é um problema de primalidade, e para responder a essa pergunta devemos usar testes de primalidade.

- Caso n não passar os testes de primalidade e aparece a possibilidade de que ele não seja primo, neste caso a primeira tarefa de teste de fatoração será achar um divisor d de n.

- A próxima etapa é achar um divisior de $\frac{n}{d}$, e assim por diante, considerar $n_1 = \frac{n}{d}$ e tratar n_1 como n.

74 Salahoddin Shokranian

É necessário observar que quando n não é primo a questão principal na fatoração de n é simplesmente achar divisores (primos ou não) de n. Uma vez que um divisor d de n foi detectado o número $n_1 := \frac{n}{d}$ terá menos algarismos, e então a possibilidade de detectar um divisor de n_1 será maior em relação a achar divisores de n. Esse problema naturalmente depende do nosso acesso a uma quantia boa de números primos, para usá-los na divisão de n por eles. Portanto, dependendo da quantia de números primos disponíveis o processo de fatoração pode ser mais rápido ou mais lento dependendo de grandeza de n.

Possivelmente a maneira mais antiga de determinar números primos menores ou iguais a um número x é o método de Eratóstenes[1] conhecido como o **crivo de Eratóstenes**[2]. Neste método são escritos os números a partir de 2

$$2\ 3\ 4\ 5\ 6\ 7\ 8\ 9\ 10\ 11\ 12\ 13\ 14\ 15\ 16\ 17....$$

e são eliminados aqueles que são divisível por 2, exceto 2

$$2\ 3\ \underline{4}\ 5\ \underline{6}\ 7\ \underline{8}\ 9\ \underline{10}\ 11\ \underline{12}\ 13\ \underline{14}\ 15\ \underline{16}\ 17....$$

Depois, são eliminados aqueles que são divisível por 3, exceto 3

$$2\ 3\ \underline{4}\ 5\ \underline{6}\ 7\ \underline{8}\ \underline{9}\ \underline{10}\ 11\ \underline{12}\ 13\ \underline{14}\ \underline{15}\ \underline{16}\ 17....$$

Assim os números que não são eliminados $2, 3, 5, \cdots$ permanecem no crivo e aqueles que são eliminados não são primos.

---

[1] Em inglês <u>Eratosthenes</u>. Eratóstenes vivia em Ciréne na Grecia no período entre 276 aré 194 antes de Cristo.

[2] Em inglês <u>sive of Erathostenes</u>.

Apêndice B   75

Continuando esse processo e eliminando os números que são divisíveis por $5, 7, \cdots$ etc, os que permancem no crivo são primos[3].

Esse é o método mais clássico para procurar números primos e certamente é um método muito lento. Imagine que achar números primos entre 1 e 500000, leva muito tempo. E na verdade existem 41538 números primos neste intervalo.

B.1.1 Primeiro passo

A primeira etapa para fatoração de um inteiro n será decidir se ele é primo ou não. Para isso o primeiro teste será usar o pequeno teorema de Fermat. Se n fosse primo e a um número co-primo com n então teríamos $a^{n-1} \equiv 1 (mod\ n)$. Se n não satisfaz essa cogruência é provavel que ele seja composto. Agora, o leitor deve observar que de ponto de vista computacional o custo de calcular $a^{(n-1)}$ não é muito alto. Em outras palavras a complexidade da potenciação é calculável e é razoável. Na verdade é instrutivo observar os exemplos a seguir para o cálculo de x^k para alguns números inteiros k (veja a seção final desse apêndice).

O Exemplo A.1 nos mostra que existem muitos, na verdade infinitos números compostos (não primos) que satisfazem o pequeno teorema de Fermat. Por exemplo, todos os números de Carmicheal são pseudoprimos e satisfazem o pequeno teorema de Fermat.

Os testes de fatoração de uma certa forma estão fortemente ligados com os testes de primalidade. Uma razão fundamental para isso é que essencialmente precisamos saber se um dado inteiro n não é primo, em outras plavras se ele é composto. E esse fato poderia

---

[3]Esse método que é o crivo de Eratóstenes mostra que o número 1 não pode ser considerado primo.

ser detectado atráves de certos teoremas em teoria dos números que essencialmente fornecam uma condição necessária e suficiente para que um inteiro seja primo. Mas, nem todos esses resultados (teoremas) são práticos, e nem são práticos para serem implementados como um algoritmo eficiente. Um exemplo é o teorema de Wilson[4] que diz n é primo se, e somente se,

$$(n-1)! \equiv -1 (mod\ n).$$

O tempo para calcular $(n-1)!$ é muito grande e não é conhecida a existência de um algoritmo eficiente para calcular esse produto de inteiros consecutivos.

Baseado no fato de que o teste anterior (pequeno teorema de Fermat) mostrou a possibilidade de que n seja composto, a pergunta que ainda fica em aberto é: como achar um divisor $d > 1$ de n? Esse é então o primeiro passo para o teste de fatoração.

Existem alguns métodos para isso, mas o seguinte parece ser usado frequentemente para fatoração de inteiros não muito grandes. O teste de Lehmann é baseado no teorema a seguir:

Teorema B.1: Sejam $n = pq$ um inteiro, ímpar e positivo, e p e q números primos. Seja r um inteiro tal que

$$1 \leq r < \sqrt{n} \quad \text{e} \quad \sqrt{\frac{n}{n+1}} \leq p \leq \sqrt{n}. \qquad \text{(B.1)}$$

Então existem inteiros x, y, k tal que:

$$(*)\ x^2 - y^2 = 4kn, \quad \text{com } 1 \leq k \leq r;$$
$$(**)\ x \equiv 1(mod\ 2) \text{ se } k \text{ é par e } x - k \equiv n(mod\ 4) \text{ se } k \text{ é impar ;}$$
$$(***)\ 0 \leq x - \sqrt{4kn} \leq \sqrt{\tfrac{n}{k}}/(4(r+1)).$$

---

[4]Veja o livro [SSG].

Apêndice B 77

E mais,

$$p = min\{(x+y,n),(x-y,n)\}.$$

Quando n é primo, não existem inteiros x, y, k satisfazendo as propriedades $(**)$.

A importância desse teorema está no fato de que na prática não precisaremos saber se realmente n é produto de dois divisores primos p e q, pois se supomos que r é aproximadamente $n^{\frac{1}{3}}$, dividindo n até esse número $n^{\frac{1}{3}}$, dois casos podem acontecer, ou vamos achar um divisor de n, ou vamos concluir que n é produto de dois primos, pois neste último caso as desigualdades (B.1) são verdadeiras.

Exemplo B.1: Neste exemplo estudaremos o número $n = 5213412341$. Primeiro, temos que $n^{1/3} = 1733,966457$. Então devemos dividir n por todos os números até 1733. Esse processo nos mostra que não encontraremos com um divisor menor ou igual a 1733. Portanto o número n é produto de dois primos. Assim depois de várias tentativas podemos chegar a conculsão de que:

$$5213412341 = (43609)(119549).$$

Por exemplo, o leitor pode testar se 36264691 é primo ou não, e fatorável ou não. Também da mesma forma os seguintes números podem ser estudados:

$$12223344115541 \text{ é divisível por } 13.$$

$$333311111111777 \text{ é divisível por } 83.$$

$$A = 999999999888888887777777666666555554444333221$$

que é um número de 45 algarismos. A soma de algarismos desse número é a soma de quadrados: de 1 até 81. Essa soma é igual a

285, e esse número é divisível por 3. Portanto o número A é divisível por 3 e pode ser decomposto na seguinte forma, em três divisores primos

$$A = (3)(31)(107526881708482676105137383512532855531659497).$$

B.1.2 Algoritmos de exponenciação

O objetivo desta seção é estudar maneiras rápidas de calcular potenciação de números. Para isso começaremos com alguns exemplos.

Exemplo B.2: Primeiro, vamos calcular x^{13}. Para isso apresentaremos os três algoritmos a seguir:

Algoritmo 1

$$
\begin{aligned}
1) & \quad x \cdot x \to x^2 \\
2) & \quad x \cdot x^2 \to x^3 \\
3) & \quad x \cdot x^3 \to x^4 \\
4) & \quad x \cdot x^4 \to x^5 \\
5) & \quad x \cdot x^5 \to x^6 \\
6) & \quad x \cdot x^6 \to x^7 \\
7) & \quad x \cdot x^7 \to x^8 \\
8) & \quad x \cdot x^8 \to x^9 \\
9) & \quad x \cdot x^9 \to x^{10} \\
10) & \quad x \cdot x^{10} \to x^{11} \\
11) & \quad x \cdot x^{11} \to x^{12} \\
12) & \quad x \cdot x^{12} \to x^{13}
\end{aligned}
$$

Como podemos ver, nesse algoritmo para calcular x^{13}, precisamos de 12 operações de multiplicação. No seguinte algoritmo esse número será reduzido para 6.

Algoritmo 2

1) $x \cdot x \to x^2$
2) $x \cdot x^2 \to x^3$
3) $x^2 \cdot x^3 \to x^5$
4) $x^2 \cdot x^5 \to x^7$
5) $x^3 \cdot x^7 \to x^{10}$
6) $x^3 \cdot x^{10} \to x^{13}$

No terceiro algoritmo o número de multiplicações para calcular x^{13} será 5.

Algoritmo 3

1) $x \cdot x \to x^2$
2) $x^2 \cdot x^2 \to x^4$
3) $x^4 \cdot x^4 \to x^8$
4) $x^4 \cdot x^8 \to x^{12}$
5) $x \cdot x^{12} \to x^{13}$

Na verdade não podemos ter a esperança de achar um outro algoritmo com menos operações de multiplicação para calcuar x^{13}. Esse fato pode ser provado, veja por exemplo o livro [BCS].

Exemplo B.3: Segundo, nesse exemplo, vamos ver o algoritmo rápido para calcular x^{16}. Esse algoritmo terá menos operações de multiplicação apesar da potência 16 ser maior de que a potência 13.

Algoritmo 1

1) $x \cdot x \to x^2$
2) $x^2 \cdot x^2 \to x^4$
3) $x^4 \cdot x^4 \to x^8$
4) $x^4 \cdot x^8 \to x^{12}$
5) $x^8 \cdot x^8 \to x^{16}$

Nos dois exemplos precedentes o cálculo de x^k foi baseado somente no uso de multiplicação (exponenciação). Algumas vezes o cálculo de x^k poderia ser feito com mais rapidez usando a divisão. O exemplo a seguir mostra esse fenômeno.

Exemplo B.4: Vamos calcular x^{31} de duas maneiras, sem e com divisão:

Algoritmo 1 (sem divisão)

$$
\begin{array}{ll}
1) & x \cdot x \to x^2 \\
2) & x \cdot x^2 \to x^3 \\
3) & x^3 \cdot x^3 \to x^6 \\
4) & x^6 \cdot x^6 \to x^{12} \\
5) & x^{12} \cdot x^{12} \to x^{24} \\
6) & x^6 \cdot x^{24} \to x^{30} \\
7) & x \cdot x^{30} \to x^{31}
\end{array}
$$

Algoritmo 2 (com divisão)

$$
\begin{array}{ll}
1) & x \cdot x \to x^2 \\
2) & x^2 \cdot x^2 \to x^4 \\
3) & x^4 \cdot x^4 \to x^8 \\
4) & x^8 \cdot x^8 \to x^{16} \\
5) & x^{16} \cdot x^{16} \to x^{32} \\
6) & x^{32} \cdot x^{-1} \to x^{31}
\end{array}
$$

Como podemos ver o número de operações usadas no segundo algoritmo é menor e pode-se provar que esse é o menor número possível de operações necessárias para calcular x^{31}.

O menor número de operações para calcular x^k é a complexidade do problema. Mais precisamente, podemos anonciar a seguinte definição.

Definição B.1: O **custo** ou **complexidade** de uma operação matemática é a cota inferior (mínima) do número de operações efetuadas para a resolução de um dado problema.

Apêndice B 81

Denotando por $c(k)$ a complexidade de operação x^k os exemplos precedentes e discussões mostram que $c(13) = 5$, $c(16) = 4$, $c(31) = 6$.

Seja $\ell(n)$ o número de etapas necessárias para um algoritmo, sem redundância, calcular x^k através de uma máquina abstrata (por exemplo, máquina de Turing). Então a seguinte desigualdade é verdadeira:

$$c(n) \leq \ell(n) \leq n - 1. \tag{B.2}$$

Por exemplo, no algoritmo 1 do Exemplo B.2, temos que $\ell(13) = 12$, enquanto $c(13) = 5$.

O seguinte teorema nos dará uma cota superior para a complexidade $c(n)$.

Teorema B.2: Para qualquer inteiro positivo n vale a seguinte desigualdade

$$c(n) \leq 2log_2 n.$$

Exemplo B.5: Seja $n = 13$. Neste caso $\ell(13) \leq 2log_2 13$. Mas, $log_2 13$ é aproximadamente $3,5$. Então, bons algoritmos para calcular x^{13} podem ter um número de operações menor ou igual a 7. Na verdade como já vimos esse número de operações é 5.

Outro teorema importante para calcular a complexidade $c(n)$ é o seguinte:

Teorema B.3: Se x^n pode ser calculado através de x com h etapas, então $n \leq 2^h$.

Um corolário imediato é:

Corolário B.1: $log_2 n \leq h$.

Isso nós dará a seguinte cota inferior:

$$h = \ell(n) \geq \lceil log_2 n \rceil. \tag{B.3}$$

Usando essas informações podemos explicitamente calcular a complexidade $c(13)$. Neste caso $n = 13$, e $h \geq 4$, pois $log_2 13$ é aproximidamente $3, 5$. Portanto, $h = 5$ é a complexidade de operação x^{13}.

Existem também outras cotas que podem ser usados para determinar complexidade de $c(n)$. A seguinte é uma cota de Schönhage de 1975, que fornece uma cota inferior para $\ell(n)$.

$$\ell(n) \geq log_2 n + log_2(\omega_2(n)) - 2, 13, \tag{B.4}$$

onde $\omega_2(n)$ é o número de coeficientes não nulos na expansão binária de n.

Por exemplo, se $n = 13$, então a expansão binária de 13 é a seguinte:

$$13 = 1 \times 2^3 + 1 \times 2^2 + 0 \times 2^1 + 1 \times 2^0.$$

Neste caso $\omega_2(13) = 3$. E então o lado direito de desigualdade acima será da forma seguinte:

$$3, 5 + log_2 3 - 2, 13 = 3, 5 + 1, 59 - 2, 13 = 2, 96.$$

Logo

$$\ell(13) \geq 2, 96,$$

que implica $\ell(13) \geq 3$.

Apêndice B 83

A seguinte cota de A. Brauer de 1939 é uma cota superior para calcular $c(n)$.

$$\ell(n) \le log_2 n + \frac{log_2 n}{log_2 log_2 n} + o(\frac{log_2 n}{log_2 log_2 n}), \qquad (B.5)$$

onde $o(f(x)/g(x))$ significa que quando $x \to \infty$, $\lim f(x)/g(x) \to 0$.

De novo como um exemplo voltaremos para $n = 13$. Neste caso o lado direito da desigulade será escrito na seguinte forma:

$$3,7 + \frac{3,7}{1,9}$$

que aproximidamente é igual a $5,64$. Todos esses cálculos nos levaram a deduzir que $c(n) = 5$.

Apêndice C

C.1 Os critérios da divisibilidade

Para testar se um número n é divisível por números pequenos como 2, 3, 5, 7, 9, 11, etc, sempre há alguma maneira de saber a resposta antes da divisão. É possível que leitor já saiba algum deste critérios, mas o objetivo dessa apêndice é dar uma demonstração para critérios já existentes.

Em todos os resultados a seguir n é um número inteiro positivo de k algarismos decimais escrito como:

$$n = n_1 n_2 \cdots n_k, \qquad (C.1)$$

ou

$$n = n_1 \times 10^{k-1} + n_2 \times 10^{k-2} + \cdots + n_k. \qquad (C.2)$$

Teorema C.1: a é divisível por 2 se, e somente se, a unidade de n o número n_k é zero ou divisível por 2.

Demonstração. É óbvio que $10 \equiv 0 (mod\ 2)$, e que isso implica em $10^\ell \equiv 0 (mod\ 2)$. Portanto temos:

$$\begin{aligned}
n_1 \times 10^{k-1} &\equiv 0 (mod\ 2) \\
n_2 \times 10^{k-2} &\equiv 0 (mod\ 2) \\
\cdots &\equiv \cdots \\
\cdots &\equiv \cdots \\
n_{k-1} \times 10 &\equiv 0 (mod\ 2) \\
n_k &\equiv n_k (mod\ 2).
\end{aligned}$$

Somando os dois lados correspondentes teremos $n \equiv n_k (mod\ 2)$. Logo se n_k é divisível por 2 então n também o é. Reciprocamente, se n é divisível por 2, n_k também o é. Isso completa a demonstração.

Com o mesmo raciocíno podemos demonstrar os seguintes teoremas:

Teorema C.2: n é divisível por 3 se, e somente se, a soma dos seus algarismos é divisível por 3.

Demonstração. Basta observar que $10 \equiv 1 (mod\ 3)$. Agora essa congruência nos diz as seguintes:

$$\begin{aligned}
n_1 \times 10^{k-1} &\equiv n_1 (mod\ 3) \\
n_2 \times 10^{k-2} &\equiv n_2 (mod\ 3) \\
\cdots &\equiv \cdots \\
\cdots &\equiv \cdots \\
n_{k-1} \times 10 &\equiv n_{k-1} (mod\ 3) \\
n_k &\equiv n_k (mod\ 3).
\end{aligned}$$

Somando os dois lados de congruências teremos que:

$$n \equiv (n_1 + n_2 + \cdots + n_k)(mod\ 3).$$

Logo n é divisível por 3 se, e somente se, a soma de seus algarismos $n_1 + n_2 + \cdots + n_k$ é divisível por 3. Isso completa a demonstração.

Apêndice C

No próximo teorema discutiremos a divisíbilidade de um número por 5.

Teorema C.3: n é divisível por 5 se, e somente se, a unidade de n seja divisível por 5 (isso quer dizer que essa unidade deve ser 0 ou 5).

Demonstração. Com a notação usada na demonstração do teorema precedente temos que:

$$n \equiv n_1 (mod\ 5).$$

Isso completa a demonstração.

Deixaremos para que o leitor interessado seguindo os passos dos teoremas precedentes descobrir os critérios para divisão de n por 7 e 11.

C.1.1 Nota final

Recentemente, em agosto de 2002, um grupo de matemáticos da India demonstrou que existe um algoritmo construtivo para verificar que um dado número é primo, com um tempo polinomial. O trabalho de M. Agrawal, N. Kayal e N. Saxena [AKS] está baseado nos conceitos já demonstrados e relativamente simples, simples resultados que mostam quando um número é primo. Mais tarde outros estudos para melhorar os trabalhos de AKS foram apresentados. O leitor interessado pode consultar o livro [Sho uit] e o site da Internet: http://www.utm.edu/research/primes/prove/prove4_3 html.

Referências bibliográficas

[AKS] AGRAWAL, M.; KAYAL, N.; SAXENA, N. *Primes in P*, Pré-publicação, 2002.

[AGP] ALFORD, W.; GRANVILLE, A.; POMERENCE, C. There are infinitely many Carmichael numbers. *Annals of Math, v. 139*, p. 703-722, 1994.

[A] APOSTOL, T. M. *Introduction to analytic number theory.* Berlim: Springer-Verlag, 1980.

[BCS]BÜRGISSER, P.; CLAUSEN, M.; SHOKROLLAHI, M. A. *Algebraic complexity theory.* Berlim: Springer-Verlag, 1997.

[C]CARMICHAEL, R. D. On composite numbers P which satisfy the Fermat congruence $a^{P-1} \equiv 1(mod\ P)$. *The American Math. Monthly, v. 19*, p. 22-27, 1912.

[DH]DIFFIE, W.; HELLMAN, M. E. New directions in cryptography, *IEEE Transactions on Information Theory, IT-22*, n. 6. p. 109-112, nov., 1976.

[Ham]HAMMING, R. W. Error-detecting and error-correcting codes. *Bell Sys. Tech. J.*, v. 29, p. 147-160, 1950.

[J]JOYNER, D., (Ed.). *Coding theory and cryptography*: from enigma and geheimschreiber to quantum theory. Berlim: Springer-Verlag, 2000.

90 **Salahoddin Shokranian**

[P]POCKLINGTON, H. C. The determination of the prime and composite nature of large numbers by Fermat's theorem. *Proc. Cambridge Philos. Soc.* 18, p. 29-30, 1914-1916.

[R]RUDIN, W.*Functional Analysis.* New York: McGraw-Hill Book Company, 1973.

[RSA]RIVEST, R. L.; SHAMIR, A.; ADLEMAN, L. A method for obtaining digital signatures and public-key cryptosystems. *Communications of ACM.* n. 21(2), p. 120-126, 1978.

[Sha]SHANNON, C. E. A mathematical theory of communication. *BSTJ*, v. 27, p. 379-423, 1948.

[S]SHOKRANIAN, S. *Números notáveis.* Brasília Editora Universidade de Brasília, Segunda Edição 2008.

[Sho alg1]SHOKRANIAN, S.; *Álgebra 1.* RIO DE JANEIRO: EDITORA CIÊNCIA MODERNA, 2010.

[SHO UIT]SHOKRANIAN, S. *Uma Introdução à Teoria dos números.* RIO DE JANEIRO EDITORA CIÊNCIA MODERNA, 2008.

[SSG]SHOKRANIAN, S.; SOARES, M. V.; GODINHO, H. *Teoria dos números.* BRASÍLIA: EDITORA UNIVERSIDADE DE BRASÍLIA, 1999.

Índice Remissivo

alfabeto
  cifra, 24
  digital, 25
  texto, 24
algarismos
  binários, 2
  decimais, 1
  ternários, 3

canal público, 39
chave, 27
  afim, 27
  do sistema RSA, 47
  pública, 38, 40
    do sistema RSA, 47
  privada, 40
    do sistema RSA, 47
cifra
  afim, 27
  JC generalizada, 27
  monoalfabéticas, 33
  permutacional, 31, 33
classes de b módulo m, 10
coeficientes, 14
complexidade de operação, 80
congruente
  a módulo m, 7
  b módulo m, 7
  módulo m, 6
cripto, 38

crivo de Eratóstenes, 74
custo de operação, 80

divisão, 5
  de Euclides, 9
divisores
  de números, 5
  positivos, 5

equação afim, 14

função injetora, 31
função sobrejetora, 31

grupo criptos, 39

incógnita, 14
inteiros naturais binários, 2
inversível, 12
inversa de $b(mod\ m)$, 12

número
  $b(mod\ m)$, 10
  binários, 2
  composto, 5
  módulo, 47
  módulo m, 16
  primo, 5
número a-pseudoprimo, 64
número de Carmichael, 65
número de Fermat, 69

92 Salahoddin Shokranian

número de Mersenne, 70
número pseudoprimo, 64
número pseudoprimo na base $a \in$
  $(\mathbb{Z}/n\mathbb{Z})^+$, 64
números pseudoprimos, 64

operações módulo m, 10

pequeno teorema de Fermat, 41, 63
permutação, 31
potência de
  decifração, 47
  encifração, 47
produto módulo m, 11

quociente, 9

representação binária, 2
representação decimal, 2
resto da divisão, 9

sistema
  de cifras, 38
  de criptos, 38
  RSA, 41
soma módulo m, 11

teorema de Korselt, 66
teorema de Lucas, 67
teorema de Pocklington, 68
teorema torcido de Poclington, 71

Impressão e acabamento
Gráfica da Editora Ciência Moderna Ltda.
Tel: (21) 2201-6662